# CHOLÉRA-MORBUS.

## PRINCIPES GÉNÉRAUX D'HYGIÈNE

ADRESSÉS, PLUS PARTICULIÈREMENT, AUX OUVRIERS DES MINES DE VICOIGNE, DANS LA PRÉVISION DE LA RÉAPPARITION

DU CHOLÉRA.

*Suivis de l'histoire générale, des signes avant-coureurs, des symptômes qui caractérisent cette maladie et des premiers soins à donner aux personnes qui en sont atteintes.*


**Par F. LEBREUX,**

MÉDECIN DES MINES DE VICOIGNE, MEMBRE DE PLUSIEURS SOCIÉTÉS MÉDICALES, ETC., (CHOLÉRA 1832, MÉDAILLE D'OR.)




Prévenir, c'est guérir.

VALENCIENNES,

IMPRIMERIE DE A. PRIGNET, RUE DE MONS, 9.

Se trouve chez Lemaître, libraire, rue du Quesnoy.

— 1849. —

*A Messieurs les Administrateurs des Mines de Vicoigne.*

MM. Boitelle, Président.

Farez,

Savary,

Lebret,

Dubois,

Evrard,

Dupont,

De Lacoste.

---

AUX HABITANTS DE RAISMES.

TÉMOIGNAGE DE MON DÉVOUEMENT.

*Raismes, août* 1849.

# PRÉFACE.

Le Choléra-morbus était encore bien loin, que depuis long-temps les administrateurs des mines de *Vicoigne*, par pure philanthropie et économie bien entendue, avaient donné pouvoir au directeur de l'établissement de prendre toutes les mesures d'assainissement nécessaires, pour mettre les ouvriers dans les meilleures conditions, pour recevoir cet hôte redoutable. Je fus chargé d'écrire les instructions pour ou contre cette affection. N'étant destinées qu'à être affichées aux fosses et dans les *corons*, où elles sont encore, je dus me renfermer dans des limites assez restreintes; mais je promis aux charbonniers de commenter plus tard ce que je leur donnais en principes généraux. J'ai, depuis ce temps, consacré une partie de ce qu'on me laissait de nuits, à compulser les auteurs qui ont écrit plus spécialement sur cette affection; j'ai parcouru les journaux qui rapportent les nouvelles de la science, l'Union médicale, qui, depuis l'invasion, suit la maladie pas à pas, le Journal des connaissances médico-chirurgicales, riche de faits et de planches, et l'Abeille, qui nous donne du miel à si bon marché. N'ayant d'ambition que de faire connaître et propager les vérités médicales, préservatives du choléra, trop méconnues, pourquoi, petit médecin de village, y mettrais-je de la présomption? quand l'Académie nationale de médecine, le corps le plus savant du monde, vient de nous donner une si belle leçon de modestie, en déclarant que dans ses instructions, elle n'avait voulu donner rien de nouveau, mais dire quelque chose de raisonnable, de pratique et sanctionné par l'expérience.

Eh ! que peu vous importe, à vous, que le manteau dont je veux vous couvrir soit, comme l'habit d'Arlequin, fait de pièces empruntées, ajustées à celles que j'ai fabriquées, pourvu qu'il vous préserve!

L'appétit, comme on le dit vulgairement, vient en mangeant; je ne voulais écrire que pour le peuple, et lui parler son langage; comme tous les médecins qui ont voulu faire des livres populaires, je me suis laissé entraîner; l'extension que j'ai donnée à ce petit ouvrage, ne porte, au reste, que sur l'histoire générale; car sachant par expérience combien les mots techniques, souvent répétés, sont somnifères, j'ai pensé qu'en donnant à mon travail quelque attrait, je pourrais soutenir l'attention du lecteur. Tel, me suis-je dit, ne voudra pas lire la partie médicale, qui désirera connaître l'histoire de cette incompréhensible maladie; c'est donc un moyen comme un autre. Cette brochure, résumé de ce que je connais de plus positif sur cet indomptable fléau, pourra aussi servir, je l'espère, non à nos médecins citadins, ils ne voudraient pas lire un campagnard, mais à mes confrères qui n'ont pas à leur disposition une bibliothèque choisie.

Et quand bien même, par l'éloignement du fléau, mon travail n'atteindrait pas son but, il pourra rendre d'importants services à ceux à qui je le destine, en contribuant à l'assainissement et à la propreté de leurs habitations; et, s'ils veulent observer les règles d'hygiène les plus usuelles que j'y ai tracées, à entretenir la santé et éloigner les maladies.

# CHOLÉRA-MORBUS.

## PRINCIPES GÉNÉRAUX D'HYGIÈNE

*adressés, plus particulièrement, aux ouvriers des mines de Vicoigne, dans la prévision de la réapparition du Choléra.*

COMME si ce n'était pas assez des tourments politiques qui nous agitent aujourd'hui, et comme pour rembrunir encore les malheurs du temps, faut-il encore que nous soyons entourés, de toutes parts, du *fléau* qui, né dans l'Inde, sur les bords marécageux de l'embouchure du Gange, est venu fondre sur l'Europe en 1830 !

Et, après une courte halte à Calais, au printemps de 1832, cette maladie nouvelle s'élance directement et sans intermédiaire sur Paris, pour de là, rayonnant dans toutes les directions, s'étendre sur une moitié de la France; répandant partout, dans sa marche lugubre, la désolation et
6 la mort, malgré les sublimes efforts et l'admirable dévouement des médecins.

Ce fléau c'est le *choléra-morbus*. Que ce mot terrible n'abatte pas votre courage; je le prononce à dessein, pour que vous puissiez vous préparer à le recevoir; en ne vous laissant pas surprendre par l'ennemi, vous centuplerez vos forces pour lui résister.

Le péril qu'on attend effraie plus que le péril présent, parce que l'imagination inquiète exagère et dénature les choses. Le choléra, vu de près, perd de la formidable renommée qui le précède.

Je n'ai pas la prétention de vous faire un traité théorique complet sur le choléra : seulement je veux vous apprendre les signes à l'aide desquels on pourra reconnaître la maladie, par quels moyens on peut se mettre à l'abri de sa fureur, et comment on en étouffe le germe. Je sais bien que le gouvernement, se préoccupant du sort du peuple, a, en 1830, fait donner des instructions pour le préserver des atteintes meurtrières de cette maladie ; mais ces instructions, ou, on les a oubliées, ou, on ne les a jamais lues. A qui d'ailleurs servent ces instructions? On ne communique même pas à ceux qui pourraient y puiser d'utiles enseignements, un des rares exemplaires que le gouvernement vient encore de faire publier. On les jette dans un carton et ils y vieillissent. C'est pour y suppléer que j'ai écrit cet opuscule qui, si vous voulez le méditer, pourra servir, à l'avenir, de guide à votre santé. Je ne me dissimule pas que beaucoup de mes confrères pourraient faire mieux. A part mes principes, je n'ai aucun intérêt à faire du métier avec vous; je fais de l'art. Et s'il doit y avoir un art essentiellement philantropique, c'est, à mes yeux, celui de la médecine, au milieu des calamités qu'elle peut conjurer ou atténuer.

Le choléra indien ne fait tant de ravages que parce qu'on ne fait rien pour le prévenir; il n'est fort que de notre insouciance ou de notre incurie. Et, je suis de ceux qui pensent qu'il est plus facile de prévenir cent cas de cette maladie, par des soins hygiéniques bien entendus, que d'en guérir un seul quand elle est déclarée.

*Mineurs!* vous étiez alors étrangers à la commune; demandez-le à nos concitoyens: *soldat* de l'humanité, j'ai combattu, en 1832, sur un champ de bataille où le médecin n'avait pour perspective que la mort. . . . . . sans gloire. . . . . ; l'ai-je abandonné? Ce n'est pas seulement dans les livres que j'ai étudié les moyens de lutter contre cette calamité publique: je les ai aussi recherchés au lit du malade, dans la cabane du pauvre, dans les écuries, dans les granges, sur le fumier où la crainte de la contagion repoussait les cadavres vivants.

Il est un fait que les systèmes ne peuvent détruire, quoique cette maladie n'ait respecté ni les rangs, ni les sexes, ni les âges; c'est que les classes pauvres, misérables, sont les premières attaquées; que les gens aisés le sont beaucoup plus rarement, en bien moins grand nombre, proportion gardée, et qu'ils ont des chances de guérison plus nombreuses, parce que les causes occasionnelles se trouvent chez les premiers, dans leurs habitations étroites, humides, mal aérées, dans leur manière de vivre, toute de privations et de misère.

Le gouvernement actuel, qui se préoccupe avec sollicitude de cette classe jusqu'aujourd'hui déshéritée, attend le concours de tous les citoyens dans ce grand acte d'humanité; je lui apporte le mien, tout infime qu'il est. Pour atteindre ce but, j'ai pensé que tout ce qui intéresse la santé générale est du domaine public.

J'ai emprunté aux pages que les médecins, bravant tous les dangers, ont été écrire sur le théâtre des épidémies; j'ai puisé à toutes les sources qui ne sont pas à votre portée: monographies, journaux de médecine, instructions des commissions de salubrité de tous les pays. Partout où j'ai trouvé une idée utile je m'en suis emparé; et y joignant mes propres observations, j'ai tout coordonné pour en former un petit traité. Mais, pour qu'on ne me prenne pas en flagrant délit de vol, je confesse avoir mis surtout à profit le rapport de l'Académie royale de médecine ; le savant ouvrage de M. Brierre de Boismont qui m'a servi de guide en 1832, dont on oublie la valeur et les services, à l'encontre de tant d'ouvrages nouveaux qui se recommandent plus par les noms des auteurs auxquels ils servent d'adresse, que par l'utilité, associée à des principes théoriques inexécutables, et de bien d'autres qui n'ont été publiés qu'en vue de faire prévaloir un médicament, appuyé sur une doctrine mort-née. Je n'ai pu que parcourir à la hâte les leçons que le sceptique *Tardieu* vient de publier ; elles m'ont surtout servi à résumer et à embellir, de son style concis et fleuri, l'histoire générale de cette affection, que l'un et l'autre nous avons puisée à *l'union médicale*, journal qui s'est tenu le plus au courant des nouvelles relatives au choléra. Je ne décline pas non plus mes recherches dans d'autres travaux particuliers moins importants ; j'ai, comme l'abeille, qui, dans la crainte de la profaner, plonge, en voltigeant, sa trompe dans la corolle de la fleur éclose ; j'ai butiné sur les fleurs, en conservant religieusement le texte de certains passages, dans la crainte de les altérer. Quant aux idées que j'ai rédigées et me suis appropriées, si on vient me les réclamer, je mettrai l'humanité en cause.

Je vous entends me dire : il est trop tard !... Si la maladie de l'Inde, a marqué son passage autour de nous, elle est loin.... Imprudents ! savez-vous si, ayant essayé ses coups, engourdie par le froid, elle ne fait pas son temps d'arrêt d'hiver ! Qui peut affirmer si, voyageur malfaisant, elle ne se réveillera pas, et ne reviendra sur ses pas avec une nouvelle intensité ? Ce que nous venons d'éprouver, n'est peut-être qu'un avertissement pour l'avenir.

Trois fois, en 1832, on croyait qu'elle avait déserté notre commune; trois fois elle est revenue à la charge avec le même degré de violence.

Vous pouvez le croire, il n'a pas tenu à moi, si ces instructions que je vous ai promises, ne vous ont pas été livrées plus tôt. Vous devez concevoir que, pour celui qui n'a pas l'habitude d'écrire, on ne fait pas un livre tout d'un trait; vous savez que mes journées sont uniquement consacrées à mes malades, et que ce n'est qu'en prenant sur mes heures de repos et de sommeil que j'ai pu élaborer ce petit travail.

Ecoutez mes conseils désintéressés; tout le monde peut y prendre sa part; ils sont de tous les temps et de tous les lieux. Les soins hygiéniques, si utiles pour la conservation de la santé, deviennent surtout nécessaires aux époques désastreuses des fléaux épidémiques. Ces mesures préventives sont également bonnes contre les maladies endémiques, comme contre les maladies épidémiques, sujettes à retour. Ah! combien, en observant les préceptes que je me propose de vous donner, pourrait-on conjurer de maladies qui, se développant avec lenteur, et par cela même, excitant moins de défiance, ne deviennent apparentes qu'après avoir jeté de profondes racines, et miné sourdement la constitution. Je ne vous en nomme qu'une seule: *la scrofuleuse.*

*Raismois*, et vous qui, depuis 30 ans, m'honorez de votre confiance, je vous confonds tous dans ma pensée humanitaire. Si le malheur veut que ce fléau vienne encore s'appesantir sur nous, secourons-nous mutuellement et en véritables frères. Comme la première fois, vous pouvez compter sur mon dévouement. Je puis succomber à la peine; mais, je me le suis bien promis, la médaille qui m'a été décernée en 1832 ne sera pas ternie. Disons-le tout de suite, ne vous croyez pas atteints du mal à l'occasion d'une légère indisposition à laquelle on n'aurait point fait attention dans toute autre circonstance. En temps d'épidémie, il est peu de personnes qui échappent à son influence.

Ce qui se passe ici s'observe-t-il ailleurs? Ce qu'il y a de certain, c'est que tous, ou presque tous, nous avons éprouvé cette influence, à des degrés différents. Beaucoup de personnes se plaignent d'un certain malaise ; on éprouve de la fatigue, de l'abattement, un mal de tête inaccoutumé, des vertiges, des fourmillements dans les membres, de la pesanteur à l'épigastre, de la lenteur dans la digestion ; on ressent dans le ventre une gêne qui n'est pas de la douleur, mais la pression des vêtements fait mal, le tout accompagné de gargouillement intestinal ; il semble qu'un poids pèse sur le fondement, et vous sollicite à chaque instant d'aller à la garde-robe; quelquefois il y a relâchement des intestins ou des nausées. Il en est qui ressentent un sentiment crampeux dans les membres, à ce point que le lit devient insupportable.

Sont-ce là les avant-coureurs du choléra épidémique ? il est certain que ces dérangements, ordinairement passagers, dans les fonctions digestives et cérébrales, ne sont pas le choléra, mais ils peuvent y conduire lorsqu'ils sont négligés. Et si ces caractères pathologiques qui avaient échappé au milieu de la panique causée par les ravages du fléau à sa première invasion, tiennent la constance que leur assignent la plupart des médecins de nos jours, et plus particulièrement les médecins russes et les médecins anglais, la connaissance en sera d'une portée immense pour la prophylactique et la thérapeutique de cette maladie ; c'est que le choléra n'est pas une maladie *spontanée* dans son début, qui frappe les hommes au milieu de la santé la plus parfaite, et de leurs travaux habituels; c'est que la soudaineté de l'invasion n'est qu'apparente et non réelle, et qu'avant que la maladie ait pris son caractère funeste, elle a, en général, prévenu de son approche à une époque où il était possible d'en arrêter les progrès par tous les moyens convenables. De toutes les connaissances acquises sur l'histoire du choléra, il n'en est certainement pas de plus importantes au point de vue de la santé publique; il n'en est pas dont on doive vulgariser davantage l'existence et la valeur pour démontrer l'importance des mesures préventives si supérieures, dans leur effet, aux mesures curatives. Et, si l'on est bien pénétré de cette vérité capitale, on possèdera sans contredit, le plus sûr spécifique pour diminuer cette cruelle maladie. Mais il faut que cette conviction se répande dans tous les rangs de la société, afin que tout le monde sache qu'en temps d'épidémie aucune indisposition, quelque légère et de quelque nature qu'elle soit, ne doit être négligée; car elle est souvent le prélude d'une maladie funeste. On se préoccupe d'ordinaire exlusivement, dans cette circonstance, des troubles des voies digestives, notamment de la diarrhée; on n'a pas tort, c'est l'avant-coureur le plus fréquent, mais on néglige trop les prodromes qui ont souvent, comme nous venons de le dire, un tout autre caractère, et qui consistent uniquement dans un abattement particulier, une lourdeur de la tête, des vertiges et d'autres accidents nerveux, que les moyens les plus simples dissipent facilement.

Si, quand l'orage gronde à distance, on n'était pas sourd à cette grande voix de la Providence, qui nous avertit de nous abriter, et qu'on voulût reporter ses souvenirs en arrière, on reconnaîtrait encore que les phénomènes précurseurs ou concomitants qui précèdent de quelques jours l'invasion, ont été presque constamment annoncés, plus ou moins à l'avance par une constitution médicale particulière, ordinairement caractérisée par une fréquence plus grande des affections intestinales, ou bien par une autre épidémie; telles sont la grippe, la diarrhée, la dyssenterie, qui viennent de se montrer, en 1848 et 1849, dans plusieurs contrées de l'Europe, à Londres, à Paris, à Valenciennes. Sur un grand nombre de points, la manifestation du choléra a été précédée d'épizooties plus ou moins meurtrières, ou par des brouillards épais d'une odeur insupportable.

N'en est-ce point assez pour indiquer qu'il est essentiel de s'abstenir des aliments qui peuvent contribuer à entretenir un état de relâchement du ventre: tels que les végétaux verts, les fruits, et de prendre toutes les précautions que nous enseigne une sage hygiène?

Une autre remarque qu'on ne doit pas négliger, c'est que pendant les constitutions régnantes toutes les maladies revêtent plus ou moins leur caractère; toutes les affections sont susceptibles de rentrer dans son domaine; les plus dissemblables mêmes peuvent recevoir d'elle, certaine modification qui les ramène pour la plupart à une sorte d'identité de nature, de sorte qu'il n'est pas rare de voir des malades périr d'une autre mort que de celle qui leur semblait réservée.

Concitoyens, je n'oublierai pas que je vous dois des soins; mais songez que je me dois aussi à moi-même, à ma famille et à mes clients, qui, comme vous, peuvent me réclamer. Ne me faites pas appeler et courir sans motifs.

---

## CAUSES PRÉDISPOSANTES ET OCCASIONNELLES.

Ènumérer ces causes, c'est faire le traité prophylactique du choléra.

Il est un fait incontestable, c'est que nous ne connaissons pas le premier mot sur la cause première du choléra. S'en suit-il, comme certains médecins le proclament, que nous ne puissions dire quels en sont les préservatifs? Sans connaître les causes, nous connaissons quelques-unes des conditions qui contribuent à les aggraver, et le simple bon sens dit que, si nous ne pouvons pas toujours éviter les causes premières, nous pouvons du moins, le plus souvent, écarter les secondaires; que le point le plus essentiel est de se garantir de ce fléau, et ne pas attendre qu'il ait franchi toutes les digues pour le combattre par des médicaments.

On pourrait réduire ces causes à ce peu de mots :

MISÈRE, ABUS ET PRIVATIONS DANS LES CHOSES DE LA VIE.

L'indication des mesures prophylactiques à opposer au choléra asiatique étant le but principal de ce travail, pour être bien compris, nous avons besoin d'insister sur ces causes et de les développer.

Toutes les vives émotions de l'âme, la colère, les chagrins inattendus, la peur outrée, surtout, qui grossit tout, tout ce qui agit fortement sur l'imagination, est sans contredit, la cause dont la puissance est la plus redoutable; elle plonge les esprits dans un morne abattement, énerve les corps et les prédispose à contracter la maladie régnante. Si ce ne sont pas là des causes tout-à-fait déterminantes, elles aggravent néanmoins beaucoup l'attaque du choléra, et peuvent lui donner un caractère des plus funestes.

C'est pendant les temps de deuil public que la puissance du noble ministère du médecin se révèle, lui, à qui on ne pense que lorsque les rouages de la vie sont enrayés.

Imperturbable au milieu des épidémies qui répandent en tous lieux un souffle empoisonné, l'amour de l'humanité lui fait oublier tout ce qui lui est personnel; il ne songe qu'à soulager, qu'à prodiguer l'espoir et la consolation au sein des familles éplorées; son impassibilité d'esprit, sa fermeté d'âme s'infiltre, la confiance renaît, et il arrache à la mort toute une population.

La patrie reconnaissante a fait reproduire sur la toile le trait de dévouement de l'immortel Desgenettes, médecin de l'armée d'Egypte, qui, pour rassurer les imaginations et le courage ébranlé du soldat, s'inocule en présence des pestiférés, le pus d'un bubon pestilentiel. Il a fait autant que de gagner une victoire: il a conservé à la France le reste de nos héroïques bataillons que les combats et le ciel brûlant du désert avaient décimés.

Je sais bien qu'il faut plus que de la volonté pour conserver sa tranquillité; mais ne vous entretenez point de la maladie; ne lisez rien de ce que l'on en rapporte; cherchez autant qu'il est possible à en bannir le souvenir de votre esprit. En vous livrant, sans crainte à vos occupations habituelles, vous laisserez peu de prises à la réflexion; vous ferez diversion à l'inquiétude; vous fortifierez votre moral et ne penserez à la maladie que pour exécuter les précautions propres à vous en garantir. Il est certain que les personnes extrêmement pusillanimes contractent facilement le choléra et n'en guérissent guère.

Tenez-vous donc dans un état de quiétude qui caractérise le courage et la confiance; soyez calmes, sobres; car aux jours d'exaltation où nous vivons, on se laisse facilement aller aux émotions vives, aux excès de boissons. Le professeur Bouillaud avait déjà remarqué que chez un grand nombre de malades, la première atteinte du mal s'était montrée à la suite d'un excès de table, d'une *ribotte*; et que jamais il n'entrait un plus grand nombre de malades dans les hôpitaux, qu'à la suite des jours qui, dans tous les pays, *sont consacrés* aux excès de boissons qu'engendre l'oisiveté. Il est vrai que tous les gens sobres n'en sont pas exempts; mais ils offrent moins de réceptivité à la maladie que ceux qui se livrent à la débauche, aux excès et à l'intempérance.

L'abus des boissons spiritueuses, impuni en d'autres temps, ou ne produisant que des maladies ordinaires, appelle presque toujours immédiatement sa punition, quand il est poussé au point où les liqueurs les plus fortes remplacent, pour des estomacs délabrés par les excès, toute espèce de nourriture substantielle. C'est la matière première des épidémies. Il n'est même pas sans danger pour ceux qui par occasion, par entraînement, commettent un seul excès de ce genre. Ah! si tous ceux qui sont couchés dans nos cimetières pouvaient se lever, nous en reconnaîtrions beaucoup pour qui la tempérance n'était pas une vertu; et vous savez que la malpropreté est la compagne fidèle de l'ivrognerie. C'est avec elle la cause qui excite le plus sa fureur, quand l'atmosphère est imprégnée des vapeurs de ce fléau méphytique. Partout où elles se trouvent réunies, on compte autant de victimes que de malades. Il en est une troisième que nous devons signaler, à cause de ses attraits : l'excès dans les plaisirs de l'amour, surtout après le repas. On en connaît plus d'un qui a été frappé comme par la foudre à la porte d'un lieu de débauche. On considère encore comme pouvant déterminer immédiatement une attaque de choléra, l'abus des médicaments purgatifs pendant l'épidémie.

C'est donc presque toujours à la négligence, à l'oubli des lois de l'hygiène, que ces affections ont dû leur intensité; car si elles n'engendrent pas l'asphyxie épidémique, elles en favorisent certainement la manifestation.

En parcourant l'histoire des différentes affections pestilentielles qui ont ravagé l'Europe, partout l'encombrement en a préparé l'apparition. Donc, le choléra se repose plus volontiers, là où un grand nombre d'hommes se trouvent agglomérés. Parlons d'abord de vos *habitations*.

La salubrité d'une maison dépend en grande partie de la pureté de l'air qu'on y respire. Tout ce qui vicie l'air doit donc exercer une influence fâcheuse sur la santé de ses habitants.

Il n'est pas permis à l'ouvrier, pour qui j'écris plus particulièrement, de pouvoir, comme le riche, choisir le lieu de sa demeure : le plus souvent il habite où l'attache son travail; alors il n'a pas de choix, il se loge où il peut; mais plus son logement sera rétréci, plus il devra apporter de soins à assainir celui qu'il est forcé d'habiter. Toutes choses égales, les étages supérieurs exposés au levant et au midi seront préférés.

Il faut éviter de se livrer au sommeil dans des lieux trop étroits, ou contenant trop de monde. On estime qu'il faut à chaque homme, pour y passer la nuit, ou pour y séjourner 14 mètres cubes d'air; 15 mètres cubes représentent la capacité d'une chambre qui aurait 3 mètres de longueur, 2 mètres de largeur, et 2 mètres 50 centimètres de hauteur. Ce cube au reste varie en proportion de la ventilation et des meubles qui la garnissent. Le nombre de lits, placés dans une chambre à coucher, sera donc proportionné à la dimension de cette chambre. Mieux vaut une botte de paille fraîche et bien sèche pour chacun, que de s'entasser plusieurs dans le même lit : mari, femme, enfants, qui s'infectent les uns les autres, comme cela se fait chez les pauvres. Cette paille devra être remuée chaque matin, et renouvelée de temps en temps.

Laissez vos lits découverts après votre lever. On profitera des jours de soleil pour exposer à l'air et en battre les fournitures, sans les laisser s'imprégner d'humidité; les draps seront changés et lavés assez souvent. Les lits trop mous doivent être rejetés; la plume, en permettant au corps de s'enfoncer profondément, accumule autour du sujet une atmosphère chaude et miasmatique qui ne peut se renouveler avec facilité.

Le sommeil doit être proportionné aux fatigues, soit de l'esprit, soit du corps. C'est assez de dormir sept à huit heures, neuf au plus ; il faut se lever et se coucher de bonne heure ; mais pour que le sommeil soit paisible, vous ne devez jamais vous mettre au lit ayant les pieds froids. Ne manquez pas de vous chausser avant d'en sortir, et de ne jamais marcher nu-pieds sur le sol froid et humide. Il ne faut pas craindre pendant ces jours-ci de paraître minutieux. Bassinez votre lit, ou passez sur les draps un fer à repasser chaud. Si vous ne le faites pas pour vous, du moins faites-le pour l'enfance.

Il faut éviter autant que possible de passer les nuits, et même de prolonger les veilles, surtout en festins nocturnes.

M. Piory a vu la maladie disparaître de *ses salles basses* et encombrées en faisant renouveler l'air toutes les deux heures.

2

Aérez donc, après votre lever, à l'heure de midi, jusqu'à trois heures avant le coucher du soleil, sans trop tenir compte des rigueurs de la saison, en ouvrant les portes et fenêtres; à moins que le temps ne soit par trop humide. Si la saison le permet, laissez pénétrer le soleil dans vos appartements ; invisible, il vivifie encore le monde. Il ne faut pas pour cela déterminer des courants d'air trop rapides, ou produire un refroidissement qui pourrait être préjudiciable à la santé. Le combustible ne vous manque pas ; entretenez un feu clair, qui vous procurera une température modérée, et afin d'établir un courant qui dissipe l'air stagnant, chargé de tout ce qu'il peut contenir de nuisible, et, en même temps, pour sécher par cette espèce de ventilation l'intérieur des habitations. Vos poêles en fonte remplissent mal l'effet désiré ; ils n'ont pas de tuyaux d'appel capables d'entraîner au dehors toutes les odeurs, les gaz asphyxiants, les vapeurs provenant des aliments, des combustibles, des lavages etc. Ils vous rendent, par la grande quantité de chaleur qu'ils dégagent, plus impressionnables à l'air froid ; le feu ouvert est donc préférable, ou bien, pour obvier autant que possible à ces inconvénients, il serait très convenable que l'on garnît une des croisées de chaque maison d'un vasistas facile à fermer et à mouvoir, propre à l'échappement de l'air trop chaud, trop carbonisé, et à l'entrée d'une certaine quantité d'air frais. Les cheminées concourent aussi efficacement que les fenêtres, au renouvellement de l'air des habitations. Elles sont même indispensables dans les maisons simples en profondeur, et qui n'ont d'ouverture que d'un seul côté. Les chambres où l'on couche, devraient toujours en être pourvues ; et il faut, pendant la saison chaude, s'abstenir de les boucher, surtout la nuit ; on y fera du feu de temps en temps, au moins pendant l'hiver, en ayant soin d'éviter les exhalaisons des vapeurs du charbon, dont l'effet agit sur le sang d'une manière presque analogue au choléra. Peut-être serait-il bon de faire quelques lotions chlorurées, sans les pousser jusqu'à l'abus. On sait que le chlore irrite singulièrement les voies aériennes. L'utilité ne compense pas l'inconvénient.

Vous ne laisserez jamais séjourner d'urine ni de matières fécales dans les vases de nuit, qui devront être nettoyés promptement, et toujours contenir un peu d'eau. Il faut s'abstenir de faire sécher le linge dans la chambre qu'on habite, surtout si l'on y couche; vous en écarterez soigneusement le linge et les vêtements sales, qu'on entasse souvent dans les armoires; vous n'y amasserez aucune provision susceptible de répandre de mauvaises odeurs; vous n'y laisserez pas séjourner d'animaux puants. Les vitres devront être nettoyées au moins une fois par semaine; car l'action de la lumière est nécessaire à la santé de l'homme.

Balayez fréquemment toutes les pièces habitées, escaliers, corridors, cours, passages, en ayant soin de gratter les dépôts de terre qui résistent à l'action du balai; chaque portion longeant une maison sera balayée chaque jour, et de bonne heure, et les ordures provenant de ces balayages, les immondices dues aux enfants, seront aussitôt enlevées et transportées loin des habitations. Ménagez les lavages à grandes eaux, surtout pour les planchers; l'eau filtre par les joints, séjourne dans l'épaisseur des plafonds, y entretient l'humidité, se corrompt, délaie les matières végétales et engendre des miasmes. Il serait plus convenable d'opérer les nettoyages des parties en bois, comme les escaliers, planchers, etc., avec des torchons mouillés, ayant soin d'essuyer ces parties avec un linge sec. Les pièces carrelées ou pavées doivent être lavées d'autant plus souvent que l'écoulement des eaux, et l'accès de l'air extérieur seront plus faciles; au contraire le lavage, lorsqu'il entraîne à sa suite un état permanent d'humidité, est plus nuisible qu'avantageux. On abuse, dans le Nord, de ces lavages des maisons; c'est bien assez de le faire une fois par semaine.

Le blanchissage à la chaux est des plus nécessaires; mais il convient, avant d'appliquer une nouvelle couche de chaux, d'opérer tous les ans le grattage des murs, s'ils sont imprégnés de matières organiques en décomposition.

Il faut encore éloigner de vos maisons et dépendances, toutes les causes d'insalubrité, en faisant enlever, le plus souvent possible, les immondices, les tas de matières végétales et animales en décomposition, les excréments, les fumiers et donner un écoulement rapide aux eaux croupissantes et ménagères, qui deviennent autant de foyers d'infection propres à augmenter l'action meurtrière de l'atmosmosphère cholérique; vous ne laisserez pas subsister de cloaques ou fosses à fumier à proximité des habitations. Quoique les personnes habituées à un pareil voisinage ne s'aperçoivent pas de ce qu'il a de désagréable, et ne le croient pas nuisible, néanmoins tous ceux qui veulent se garantir du danger devront s'efforcer d'enlever toutes les ordures, et de nettoyer de fond en comble leurs habitations.

Balayez souvent les ruisseaux qui sont devant vos portes; pour cela réunissez-vous pour qu'une masse d'eau pure, parcourant ces ruisseaux, en enlève toutes les matières putrescibles; mais ne l'y laissez pas séjourner, quelque limpide qu'elle soit; l'humidité est le véhicule des miasmes. M. le professeur August, de Berlin, a démontré que la maladie a toujours augmenté et diminué avec l'humidité de l'air. En agissant ainsi, chacun pour sa part, et mutuellement, vous établirez pour vous et vos familles, le meilleur des cordons sanitaires. On ne saurait trop s'élever contre cette mauvaise habitude que prennent certaines personnes de se servir des eaux de savonnage, déjà croupissantes dans les ruisseaux, pour les laver et arroser la voie publique. En faisant ainsi, on superpose toutes les causes d'insalubrité déjà existantes. Le plus ordinairement l'eau suffit pour tous ces lavages; mais dans les circonstances d'infection ou de malpropreté invétérée, il faut ajouter à l'eau une certaine quantité d'eau chlorurée. Cette solution se prépare facilement: il suffit de verser une quantité d'eau déterminée sur le chlorure, et d'agiter fortement le mélange; pour ce cas prenez deux à trois livres de chlorure sec pour cinquante litres (environ quatre seaux d'eau) ou deux à trois onces pour trois litres.

Il est reconnu unanimement que le choléra naît et exerce principalement ses ravages dans les localités situées sur un terrain bas et marécageux, sur les bords des rivières, près des marais et des eaux stagnantes. Les rues étroites, malsaines, obscures, presque inaccessibles aux rayons du soleil et aux vents, les quartiers populeux, le voisinage des égouts, les habitations basses, humides, encombrées, où l'air se renouvelle rarement et difficilement, sont les lieux désignés aux coups les plus cruels de l'épidémie. Les changements brusques de température, la chaleur ou le froid combiné à l'humidité, les pluies abondantes et de longue durée, les brouillards, sont les causes secondaires les plus actives qui concourent à son développement.

Vous devez apporter une attention toute particulière à la propreté des latrines, les laver plusieurs fois par jour à grandes eaux, et y jeter de temps en temps de l'eau chlorurée à deux ou trois degrés. Tout le monde sait que le méphytisme des fosses d'aisances est considérablement augmenté par un séjour trop prolongé des matières excrémentielles; mais ce méphytisme devient de plus en plus dangereux par la présence ou l'addition dans la fosse des eaux de savon et de ménage. L'autorité locale devrait interdire, pendant l'épidémie, les vidanges des fosses, ou au moins faire défense de jeter ces immondices sur le sol des jardins attenants aux habitations. Dans un mémoire récemment publié, on va jusqu'à dire que la cause propagatrice du choléra ne peut résider que dans les déjections et les excréments des individus infectés. Pour être trop exclusive, cette idée n'en mérite pas moins d'être prise en considération.

Débarrassez-vous des animaux inutiles, comme lapins, poules, porcs, si vos cours sont peu spacieuses, manquant d'air, et si le soleil n'y peut plonger facilement ses nombreux rayons.

La propreté, si agréable dans les habitations, est éminemment utile au corps; c'est le plus sûr gardien de la santé. On changera souvent de vêtements; le linge blanc est indispensable; mais sous de beaux habits et du linge blanc, il ne faut pas conserver une chemise sale de flanelle. On se lavera tous les matins avec soin, les mains avant chaque repas et à la fin de chaque journée. Quand on le pourra on fera usage de bains d'une chaleur agréable; on n'y restera que le temps nécessaire pour nettoyer le corps; et on aura grand soin de se garantir de l'humidité qui suit l'usage des bains pris sans précaution, en s'essuyant avec un linge chaud et de ne pas s'exposer immédiatement à l'air extérieur, surtout si la saison est froide. On ferait bien d'ajouter à l'eau du bain, de l'eau de Cologne, ou du sel marin, ou bien quelques plantes aromatiques. Les bains froids sont interdits pendant toute la durée de l'épidémie.

Prenez le plus grand soin d'éviter le passage subit d'une température à l'autre. Et vous, *mineurs*, ne descendez jamais au puits étant en sueur, qu'après vous être reposés pendant un certain temps ; ne retournez chez vous qu'étant bien couverts ; lorsque, par la fatigue de l'ascension aux échelles et par l'eau qui découle des parois de la montée, vous êtes mouillés, hâtez-vous de changer vos vêtements contre des habits secs ; avant cela, ayez soin de vous bien essuyer avec un linge chaud ; enfin, dans le cas d'un refroidissement plus ou moins brusque, plus ou moins inattendu, gagnez vite votre gîte ; faites préparer une boisson chaude, comme une infusion de tilleul, de feuilles d'oranger, de thé, ou de toute autre plante aromatique, et prenez un bain de pieds tiède, afin d'exciter, de raminer la circulation générale.

Si vous êtes échauffés par une course rapide, n'ayez pas l'imprudence d'ôter votre habit, de vous exposer au vent et au froid ; on ne se rafraîchit bien que lentement, en évitant les lieux trop frais ; tout le monde sait le danger que l'on court lorsque la transpiration est arrêtée d'une manière quelconque. Si l'épidémie survenait ou se continuait pendant les grandes chaleurs, les ouvriers s'abstiendraient le plus possible de travailler en plein soleil ; ils s'abriteraient autant qu'ils le pourraient faire ; car le sang, privé de sérosité par la transpiration trop abondante, a besoin de réparer cette perte, et la soif devient impérieuse.

Prenez garde de boire de l'eau froide en grande quantité si vous êtes en sueur, avant que vous soyez un peu rafraîchis ; abstenez-vous surtout, d'eau bourbeuse, stagnante. Ce n'est d'ailleurs pas le plus sûr moyen d'apaiser ce sentiment ; le voyageur exposé aux chaleurs brûlantes de l'été, mêle les spiritueux à l'eau commune, qui seule ne stimule point assez les glandes muqueuses et salivaires, et dont la sécrétion arrose l'intérieur de la bouche. L'eau crue, écrit un médecin de Tiflis, est un véritable poison. Il vaut donc mieux l'aiguiser avec un peu d'eau-de-vie, surtout si la saison est chaude, et que la soif soit vive ; mais le vin rouge coupé avec de l'eau panée ou simplement l'eau rougie est la meilleure des boissons. En tout autre temps que d'épidémie cholérique, quelques gouttes de vinaigre ajoutées à l'eau désaltèrent. Singulier effet des systèmes : quand les uns prétendent qu'on doit s'abtenir des boissons acides, d'autres leur accordent une propriété préservative ! le cidre, par exemple. Les glaces ingérées immédiatement après le repas ou pendant le travail de la digestion ont quelquefois amené subitement la maladie. Si votre état de fortune ne vous permet de faire usage que de l'eau, il faudra apporter un grand soin dans son choix, tant pour la cuisine que pour la boisson. Si elle n'est pas de bonne qualité, claire, vive, inodore, pouvant cuire les légumes et servir aux savonnages, il faudra la filtrer, ou la laisser reposer et la décanter avec soin; ou bien, si on la fait bouillir on la battra ensuite avec une vergette, ou on y ajoutera un peu d'eau fraîche pour lui rendre l'air qu'elle a perdu par l'ébullition ; sans cela elle serait fade et beaucoup plus pesante sur l'estomac. On pourrait encore y faire infuser une pincée de feuilles de plante légèrement stimulante : menthe, sauge, oranger, tilleul, thé, ou six à huit têtes de camomille par litre d'eau.

Les boissons seront prises dans les bornes de la soif ; de quelque nature qu'elles soient, l'excès, particulièment dans l'intervalle des repas, est plus à craindre que la qualité. Méfiez-vous des vins nouveaux, des bières jeunes, non fermentées ou aigres ; elles disposent aux coliques, à la diarrhée; et deviennent aussi très dangereuses en tout temps; il ne faut donc les prendre ni trop jeunes ni trop vieilles.

Si le cidre était la boisson du pays, je conseillerais à ceux qui n'en ont pas l'habitude et surtout s'il est jeune, de n'en user qu'avec précaution ; il est certain que le dévoiement s'en suit presque immédiatement.

Le vin est une boisson très convenable; mais il vaut mieux en boire moitié moins et le choisir de qualité supérieure. Le rouge est préférable au blanc. Les personnes aisées qui peuvent s'en procurer, se trouveront bien de le couper avec une eau gazeuse, comme l'eau de Seltz, etc.

Une grande tempérance dans le boire et le manger est absolument nécessaire, comme mesure de sûreté, pendant toute la durée de l'épidémie. Si nous abordons les fastidieux détails relatifs aux substances propres à satisfaire l'alimentation exigée par la prophylactique du choléra, c'est parce que nous pensons que les aliments doivent nécessairement jouer un rôle immense dans la production de nos maladies.

Vous avez jeûné, bien longtemps, pendant que vous étiez dans vos galeries, mettez une mesure à votre appétit, en prenant votre premier repas. Une longue abstinence dispose à manger avec voracité une trop grande quantité d'aliments ; un seul excès de table a souvent amené une attaque mortelle. En Angleterre, lors de la première invasion, les attaques les plus fréquentes et les plus fatales se sont manifestées dans le milieu de la nuit, quelques heures après un souper indigeste. On pourrait encore citer des exemples frappants, tout récents, à l'appui de ces avis importants. Le choléra a repris une violence extrême pendant le *Rhamazan* des turcs, qui s'astreignent au jeûne absolu et prolongé, commandé par leur religion, du lever au coucher du soleil, et qu'ils observent avec une grande rigueur, pour le faire suivre d'un repas trop copieux, et des excès de toute nature chaque nuit. Subordonnez la nourriture aux besoins et aux pertes ; quant à la quantité, tenez compte en vous mettant à table, de la plénitude de l'estomac ; il ne faut pas pour cela s'écarter de ses habitudes, autant qu'elles soient conformes aux besoins de la vie et de la santé ; les aliments qui, selon les idiosyncrasies, entretiennent le mieux la vigueur de l'esprit et du corps, doivent contribuer à résister au fléau ; il serait peut-être dangereux de changer subitement sa manière de vivre. Si une sobriété habituelle préside au repas, il ne faut pas s'en départir ; seulement, si l'on use d'une nourriture copieuse et que concourent à former des aliments substantiels et de toute espèce, il est utile d'en diminuer le nombre et la quantité, sauf à faire un repas de plus, mais toujours léger ; par contre, ceux qui vivent avec trop de sobriété, doivent rechercher une nourriture un peu plus substantielle que d'habitude. L'usage immodéré des végétaux est ordinairement nuisible.

L'intervalle entre les repas ne doit pas être long. Règle générale, il ne faut jamais introduire d'aliments dans l'estomac, que lorsque ceux qui y sont contenus sont digérés ; or, il faut au moins quatre heures pour digérer un repas ordinaire. Celui du soir ne se fera pas tard, la digestion s'opère mal pendant le sommeil ; c'est le repas contre lequel on doit se mettre le plus en garde.

Quant à la nature des aliments, chacun doit consulter son estomac ; tel individu ne digère pas certaine substance, dont tel autre se trouve bien, au contraire ; mais il est aussi d'observation que divers aliments et boissons, qui, en temps ordinaire, sont sains et conviennent aux individus, peuvent, dans cette circonstance exceptionnelle, devenir très dangereux.

Il faut en un mot rester sur son appétit, faciliter les digestions, si elles sont longues, par un verre d'eau sucrée à la fleur d'orange, une tasse de thé, un verre de vin de Bourgogne, ou simplement quelques morceaux de sucre.

*Ouvriers!* S'il était en mon pouvoir de changer votre condition, je vous dirais : usez de potages gras au riz ou aux fécules, de viandes bien cuites, grillées, roties, mais pas trop grasses ; bœuf, mouton, volaille, avec un mélange de légumes farineux, d'œufs, ainsi que de poissons frais, d'une digestion facile. Quant au laitage, qui est d'un usage presque exclusif dans certains ménages, il est bon que j'en dise un mot à part : *Broussais* disait dans ses leçons sur le choléra. « Il est des personnes qui digèrent parfaitement le lait ; celles-là ne sont pas obligées de s'en abstenir ; il en est d'autres chez qui le lait dérange la digestion, occasionne de la diarrhée ; il y en a qui regardent leur café au lait comme leur purgatif diurne ; il faut leur dire : ne prenez pas de café au lait, dussiez-vous ne pas aller à la selle de huit jours. » pour les personnes chez lesquelles il ne détermine pas d'aigreur, de diarrhée, le café au lait et le pain blanc composent le déjeûner le plus sain.

Ma sollicitude ne peut que vous conseiller d'éviter les viandes et les poissons gâtés, salés, fumés, desséchés, épicés ; entr'autres les moules, les huîtres peu fraîches, les harengs, qui provoquent la soif, l'anguille, le vieux fromage, etc.; parce que toutes ces substances sont réfractaires à l'action de l'estomac, Les viandes non faites, comme le veau, l'agneau, ne le stimule pas suffisamment ; delà la diarrhée. Usez le moins possible de porc, de charcuterie, de salaisons, de pâtisseries lourdes et grasses.

Nous pensons qu'on peut faire usage de pommes de terre de bonne qualité, et même des haricots et des pois secs, mais pris en purée.

Les fruits chargés d'une trop forte proportion d'eau de

végétation, fussent-ils bien mûrs, les prunes, les raisins, les groseilles, les abricots, les pêches, les concombres, et même les autres fruits, quoiqu'ils soient cuits, secs ou confits, ne doivent jamais être mangés en grande quantité, et encore moins former le fonds du repas.

Les légumes crûs, verts ou bouillis de toutes sortes ; le choux, les oignons, les porreaux, les salades, les radis ; en général toutes les substances qui développent des gaz, distendent les parois abdominales, on se les interdira pendant le règne de la maladie, surtout si on n'en fait pas un usage habituel.

Les aliments végétaux les plus sains, sont le pain bien levé, bien cuit, pas trop tendre, ni moisi ; le riz, le gruau, le salep, et tous les farineux que l'art culinaire a inventés pour les riches.

Il faut préférer les aliments solides aux liquides ; en un mot, ce que l'on doit éviter par dessus tout, c'est l'excès.

En allant à votre travail, la nuit surtout, ne sortez jamais à jeûn ; pour vous garantir des intempéries de l'air, mettez des vêtements en rapport avec la température ; il est bon de s'habiller avec plus de précaution qu'on ne le fait en temps ordinaire. Aujourd'hui, on comprend mieux le soin de se vêtir ; mais j'ai souvent été touché de pitié en voyant des enfants grelotter, sous leur simple *culle*, retournant chez eux après la journée nu-pieds dans la boue, la neige, ou sur la glace.

Sous ce rapport nos mineurs sont plus avancés que les charbonniers qui nous viennent des exploitations plus au nord, et surtout que ceux de la Belgique qui conservent la *culle*, la *barête* et le *jupon* traditionnels, pour faire le trajet de la fosse à leur demeure ; mais s'ils sont assez imprévoyants pour s'exposer aux intempéries de l'air étant inondés de sueur par l'ascension aux échelles et ayant les vêtements mouillés par l'eau du niveau ; ils ont au moins l'avantage de pouvoir faire laver et sécher les *hardes* qui devront servir pour la *pause* du lendemain ; tandis que chez nous, bien que le mineur se *rebotte* immédiatement après être remonté, il jette dans son coffre ses *loques* du fond que le feu de la *baraque*, tout ardent qu'il est, ne peut sécher, et quand, pour redescendre il se *désbotte*, il réapplique sur son corps, déjà en sueur par la marche, ces vêtements encore tout humides.

Ce point inaperçu de l'hygiène des charbonniers mérite cependant, toute l'attention de l'administration ; et, si ce n'est la crainte des échanges calculés, il conviendrait d'exposer dans un séchoir les habits de travail des houilleurs, après qu'ils ont fini leur tâche. Je crois qu'on a eu tort de substituer à la *feuaire* antique, le feu d'une cheminée ordinaire, dont trois ou quatre ouvriers profitent, quand les autres grelottent derrière eux.

La négligence ou plutôt l'impossibilité où sont les ouvriers de faire *ressuer* leurs vêtements, coûte cher aux actionnaires ; c'est une des causes qui occasionnent les maladies les plus fréquentes aux mineurs : les fluxions de poitrine, les rhumatismes, etc; les frais de maladies surpassent ce que l'on paierait de supplément au lampiste, et même le traitement d'un garde qu'on commettrait à ce soin. L'économie n'est pas toujours profit.

Avant le départ pour votre travail, si vous ne pouvez vous passer du petit verre de liqueur, n'en prenez pas plus qu'à l'ordinaire, et ne le buvez qu'après avoir mangé un petit morceau de pain, dont la pâte délayée viendra tapisser l'intérieur de l'estomac, pour rendre moins immédiate et moins active, l'action corrosive des spiritueux. Quand bien même, ce ne serait pas en temps d'épidémie, jamais on ne devrait en user autrement. Les buveurs escomptent à gros intérêts, sur leur vieillesse, les jouissances du matin. L'eau-de-vie ou le genièvre amer, tel que celui qu'on fait avec de petites oranges sèches ou avec son écorce, seront préférés ; mais surtout, je vous le conseille, soyez fidèles à la chère petite tasse de café ; ou prenez tout autre chose de chaud, une tasse de thé, de chocolat.

Quoi qu'en disent plusieurs médecins, je m'associe bien volontiers à l'éloge de la pipe que font Diemerbroeck et Hildenbrand ; au lieu de défendre, on devrait conseiller, à celui qui en a l'habitude, de fumer de temps en temps la pipe de tabac ; c'est selon moi un préservatif qu'on ne doit pas dédaigner, ne serait-ce que pour dissiper les chagrins et l'ennui, et exciter la salivation. Il faut avoir séjourné dans des lieux infectés, et respiré l'air chargé de toute sorte d'émanations putrides pour comprendre avec quelles délices on en use ; mais l'abus tournerait un préjudice de ceux qui n'ont pas cette habitude, ou qui useraient du tabac sans modération.

Ayez soin quand vous rentrez, tout couverts de poussier, de vous nettoyer le corps dans une chambre d'une chaleur tempérée, de vous essuyer avec un linge sec, pour faciliter la transpiration ; mais ne vous livrez pas à cette opération ayant les pieds nus sur le carreau. Quelques frictions sèches, spiritueuses-aromatiques, sur les membres, et surtout sur le bas ventre, avec une moufle, ou bien avec un morceau de flanelle ou une brosse douce, seraient très-utiles.

Il n'est pas un médecin, de quelque pays que ce soit, où la maladie a régné, c'est presque dire du monde, qui ne ecommande, par suite des sympathies intimes qui existent ntre la peau et la membrane interne des intestins, pour se prémunir du froid, de porter à nu et à demeure sur la peau une camisole de tricot en laine ou en flanelle, et plus spécialement, pendant la journée, une ceinture de ce tissu autour du bas ventre ; on regarde ce bandage en Egypte, comme un des préservatifs des plus puissants. Une peau de chat ou de lapin, avec ses poils, peut le remplacer avantageusement. Le caleçon, la camisole de cotonnade épaisse, seront pour les petites fortunes. Leur usage est surtout indispensable aux personnes délicates, chez lesquelles la calorification est faible, et qui se refroidissent aisément et à tout propos, particulièrement pendant la saison froide et humide. Cette recommandation est surtout utile pour notre climat, si sujet aux variations instantanées et fréquentes de la température, et plus particulièrement à celles que la nuit amène. On dit même que les personnes vêtues de laine ou de toile, immédiatement appliquée sur la peau, n'étaient point atteintes par la maladie.

La chaussure doit être telle que les jambes et les pieds soient à l'abri du froid et de l'humidité ; pour cela on continuera en hiver l'usage des sabots, des bas et des chaussons de laine, que l'on changera, lorsqu'ils seront humides et sales ; ceux qui portent une autre chaussure, la choisiront épaisse et bien garnie à l'intérieur, par de la laine, du liége, etc. Il n'est personne de vous qui n'ait éprouvé que le froid et l'humidité des pieds agissent souvent sur le bas ventre, et causent des coliques. N'oubliez pas de vous laver souvent les pieds à l'eau tiède.

L'exercice au grand air, quand on s'est prémuni contre les vicissitudes de l'atmosphère, est un préservatif qu'il ne faut pas négliger ; mais on ne sortira jamais pendant le frais du matin, ni du soir, ni immédiatement après le repas ; bien qu'il faille préférer l'exercice au repos assis ou couché, on évitera dans ses promenades, le voisinage des eaux et des endroits humides ; il est inutile de dire qu'il ne faut pas se diriger du côté des lieux malsains. S'il est bon de mener une vie active, on ne devra pas faire d'exercices trop violents, ni épuiser ses forces par un travail fatigant, n'importe de quelle nature ; on évitera surtout dans ce cas, de se coucher sur la terre nue, et de dormir la nuit en plein air, pour prendre le repos. Il en est de même des travaux soit corporels, soit intellectuels, qui entraînent une privation inaccoutumée de sommeil pendant la nuit.

Il me reste un dernier conseil à vous donner : vous vous privez toute une semaine pour amasser de quoi aller au cabaret le dimanche ; je sais bien que le délassement vous est tout aussi nécessaire qu'à tout autre, mais ne vous entassez pas, pendant une longue soirée, dans un lieu qui manque d'air vital ; sortez de bonne heure des endroits où il y a foule. Evitez, je vous le répète, l'excès ; conservez pour toute la semaine ce qui vous restera de vos épargnes, pour les partager avec votre famille ; consacrez-les à vous mieux vêtir et à vous donner une nourriture plus confortable et mieux distribuée.

Ce n'est pas sans raison, si nous avons tant insisté sur les règles hygiéniques ; jusqu'à présent, c'est presque uniquement parmi les personnes imprudentes, et qui se jouent à tort des plus simples soins de l'hygiène privée, que la maladie choisit ses victimes.

Le charlatanisme cupide a exploité dans tous les temps la crédulité publique, en affichant une foule de recettes pour se garantir de toutes les maladies ; fermez l'oreille à ces annonces faites à son de tambour ou de trompette ; vous y perdrez votre argent, et ce qui est encore plus précieux, un temps irréparable, pendant que, dans une trompeuse sécurité, vous laissez faire des progrès au mal. Nous le disons bien haut, et nous le répétons, le meilleur préservatif pour écarter et désarmer le choléra, comme tous les maux qui, à des époques plus ou moins éloignées, sous des formes différentes, portent l'épouvante parmi les populations, c'est le sang-froid, le courage, la force d'âme, un bon régime et une vie régulière.

N'usez donc qu'avec défiance de toutes les drogues ou élixirs que l'on prône; toutes les précautions superflues, l'abus des médicaments, amènent le plus souvent, ce que l'on veut éviter, un dérangement des organes digestifs. Comme on ne peut cependant se refuser à reconnaître l'efficacité de quelques médicaments prophylactiques, ne les prenez alors que d'après le conseil d'un homme de l'art.

L'usage des parfums et des substances odorantes, ne fait que masquer les gaz méphytiques. Le raisonnement et les faits n'admettent plus depuis longtemps, que le vinaigre et les chlorures, comme désinfectants. M. Brierre de *Boismont* qui, un des premiers, a répondu au cri de l'héroïque nation polonaise, qui faisait appel aux médecins français pour secourir les malades qui encombraient de toutes parts les hôpitaux, conseille, non comme un spécifique, aux personnes à qui les devoirs, les liens sacrés de la famille et de l'amitié, imposent la nécessité de visiter ou de soigner les malades, de porter sur elles un flacon composé de parties égales de chlorure de chaux, de bon vinaigre et d'un peu de camphre; en sortant on en versera quelques gouttes dans un mouchoir, et on l'approchera de son nez dans les lieux infectés ou suspects. On évitera soigneusement de sentir l'haleine du patient, et l'odeur de son lit, quand on le découvrira. Et lorsqu'on aura touché le malade, on aura soin de se laver les mains dans une solution de chlorure de chaux, une partie de chlorure sec sur cent parties d'eau. En pareille circonstance il est prudent de ne pas avaler sa salive. Bien entendu que les lois de l'hygiène seront encore plus rigoureuses pour lui que pour ceux qui peuvent éviter les foyers d'infection.

Combien d'hommes, remarque M. Monneret, préfèrent avaler une drogue vendue par un empirique, se soumettre à quelques pratiques singulières ou ridicules, porter un spécifique ou infecter de quelque puante odeur, l'atmosphère qu'ils respirent, plutôt que de régler eux-mêmes leur hygiène d'une manière conforme à la raison et aux lois de la nature.

---

## MARCHE ET MODE D'INVASION.

Au début de cette épidémie, qui inquiète et excite l'attention de l'Europe et du monde entier, on avait émis une assertion assez consolante; c'est que dans cette nouvelle invasion, le choléra avait perdu beaucoup de sa gravité, et que la mortalité était moindre. La vérité est que les poputions, aujourd'hui moins effrayées, envisagent avec plus de sécurité les suites de cette maladie. Et si son caractère a le même degré de gravité pour les personnes atteintes qu'en 1832, elle a perdu de son activité; sa progression de commune à commune est plus lente, limitée à une faible partie de la population; mais la mortalité relative est partout égale.

Un autre fait, admis dans les instructions données par le gouvernement russe, et dont l'observation est presque générale, doit encore répandre une grande sécurité dans les esprits; c'est celle de l'existence prodromique de la cholérine qui précède fréquemment les symptômes graves, et qui cède presque toujours, si on lui oppose un traitement intelligent et éclairé. Le conseil général de santé d'Angleterre insiste sur ce fait, aussi palpable que consolant : c'est qu'il n'est pas de maladie, contre laquelle il soit plus au pouvoir des hommes de se précautionner, soit comme individus, soit comme institutions collectives, en surveillant avec attention la maladie dans ses symptômes précurseurs. Mais ce qu'on n'a point dit et que je voudrais pouvoir taire, c'est que, plus l'épidémie croît en intensité et en étendue, plus ses prodromes s'affaiblissent, s'effacent et disparaissent. Le médecin doit, pendant ces terribles époques, dévancer, deviner l'invasion, et lui appliquer un traitement préventif. C'est en agissant ainsi que j'ai, je crois, étouffé dans son germe l'épidémie qui est venue nous frapper.

Ainsi donc, quoique les événements ne dépendent pas de nous, il nous est permis d'attendre avec espoir, et même avec confiance, le résultat des mesures de précaution que l'expérience et la science ont actuellement mises à notre portée, si elles sont appliquées avec résolution et persévérance.

Il faut pourtant aussi le dire : partout où le choléra oriental se montre pour la première fois, il semble d'abord sévir avec peu d'intensité ; il se jette indistinctement et en aveugle, sur toutes les personnes qui auraient contracté une maladie quelconque. Si parfois il frappe çà et là des individus isolés, sans qu'aucune condition spéciale paraisse les désigner à son choix, mais encore quoiqu'ils semblent être dans la position la plus favorable pour ne pas être atteints, il attaque néanmoins de préférence les individus soumis à l'influence des causes débilitantes, physiques et morales ;

ceux qui sont en traitement d'une maladie chronique, ou en convalescence d'une maladie aiguë; ceux qui ont un organe mauvais; ceux qui sont affaiblis par les excès, les privations, épuisés par l'inconduite et par les maladies antécédentes, mal nourris, mal vêtus, logés dans des lieux étroits, bas, humides, au milieu de toute la saleté de la misère, et des excès de la débauche, et surtout ceux que l'exténuation de l'indigence, tient dans un état presque habituel de maladie; aussi la mortalité proportionnelle, dans les huit ou quinze premiers jours est-elle réellement considérable; ses ravages sont affreux. A quelque classe de la société qu'ils appartiennent, tous ceux qui en sont attaqués, périssent victimes de ce fléau; la mort les moissonne en peu d'heures, en deux ou trois jours au plus. S'il frappe moins souvent à la porte du riche qu'à celle du pauvre, l'homme opulent n'est pas toujours à l'abri de ses coups. Eh! pourquoi donc, les individus de la classe aisée ne seraient-ils pas attaqués par le choléra? ne sont-ils pas également sous l'influence des causes prédisposantes? La peur, les maladies, les chagrins, les épargnent-ils plus que les autres? s'ils n'éprouvent pas les privations, sont-ils exempts des excès, des écarts de régime? Mais, dès qu'il a reconnu la localité, choisi ses victimes, que les premiers rangs sont tombés, comme foudroyés par l'empoisonnement miasmatique, si le nombre de malades augmente, sa malignité s'affaiblit, si la maladie se prolonge davantage, on obtient un assez grand nombre de guérisons; plus tard il n'y a plus que ceux qui présentent un côté vulnérable qui soient atteints; à la fin de l'épidémie, les cas de maladies sont si légers, que la nature fait à elle seule, presque les frais de la guérison. On peut donc reconnaître à cette maladie, une stade d'invasion, d'accroissement, de maturité, de déclin et d'extinction.

Du reste, dans beaucoup d'endroits, l'épidémie a été d'autant plus courte qu'elle avait été plus subitement intense; en général, elle a été plus grave par les temps couverts, dans les jours humides et chauds, ou humides et froids, que dans les jours secs et chauds ; durant les jours secs et froids surtout, on a remarqué qu'il survenait peu de nouveaux cas, c'est pourquoi les vents du Nord ont paru quelquefois modifier sa marche ascendante. Et comme pour égaliser les chances des constitutions, il est incontestable que les individus les plus vigoureux, les mieux portants, sont souvent frappés avec plus de violence, et enlevés plus rapidement que des gens débiles et d'une nature chétive.

Si nous jetons un dernier regard sur l'ensemble de cette incompréhensible maladie, et que nous embrassions d'un coup d'œil l'itinéraire des principales épidémies qui ont ravagé le monde, de 1817, époque où elle sort de son berceau, jusqu'en 1848, ayant parcouru dans ce voyage de géant un espace vraiment incalculable, et laissé sur ses traces par millions de cadavres, l'esprit le plus pénétrant ne peut s'empêcher de rester confondu au spectacle de ce fléau mystérieux, qui, dans l'espace de quelques années, a fait plusieurs fois presque le tour du globe. Ce caractère extensif est vraiment effrayant ! Si quelquefois cette maladie semble dédaigner une portion de pays, si elle saute plusieurs points sur la ligne de son trajet, si elle décrit un cercle complet autour d'un lieu, sans y pénétrer, puis s'éloigne, quoique le plus souvent aucune circonstance locale ne puisse rendre compte de cette immunité, on pourrait se croire hors de danger ; c'est assez souvent pour revenir visiter, quelques semaines, quelques mois, et même quelques années après, avec d'autant plus de rigueur, les lieux épargnés d'abord. Au milieu même d'une vaste contrée subissant le choléra dans toutes ses fureurs, on trouve des espaces considérables où la maladie n'a pas pénétré, encore que tous les environs ne soient qu'un théâtre de désespoir et de destruction.

C'est ainsi que nous l'avons vue quitter la France sur la fin de l'hiver de 1832, n'étant entrée que dans 48 départements; traverser les mers pour aller visiter, pour la première fois, le nouveau monde; revenir sur ses pas en 1835, par l'Espagne et les côtes d'Afrique, éclater presque le même jour dans les deux ports les plus fréquentés de la Méditerranée: à Marseille le 11, et à Cette le 13 décembre, et se propager rapidement sur les 38 départements de l'Est et du Midi, qui avaient été absolument préservés; les quitter après dix mois de ravages, et aller en longeant les frontières de la Suisse, qui furent pour elle, jusqu'à ce jour les colonnes d'Hercule, sévir sur l'Italie, laissant à PALERME 25,000 victimes. Enfin rassasiée, elle rentre de nouveau dans les lieux d'où elle était sortie, pour recommencer en Europe, presque à dix ans plus tard, sa course désastreuse; franchissant dans sa marche capricieuse environ 5 à 600 kilomètres par mois.

C'est encore du Bengale qu'elle sort en 1845, pour s'abattre sur l'Europe, et nous la voyons cette fois encore, reprendre sa course à travers le monde et parcourir de nouveau, avec une fidélité surprenante, les mêmes chemins qu'avait déjà marqués son passage dix-sept années plus tôt; suivre dans cette pérégrination une direction tellement constante que les étapes du fléau sont en quelque sorte marquées sur la carte du monde. A part quelques dissemblances, le rapport le plus constant existe entre les dates d'invasion, et par conséquent dans la marche des deux épidémies, qui ont atteint les principales villes de l'Europe dans le même ordre, dans la même saison, souvent le même mois, quelquefois le même jour.

| LIEUX D'INVASION. | ÉPIDÉMIE DE 1830 à 1832. | ÉPIDÉMIE DE 1846 à 1848. |
|---|---|---|
| SALLIAN.......... | juin 1830. | 28 octobre 1846. |
| TIFLIS .......... | 13 juin 1830. | 9 juin 1847. |
| MOSCAU .......... | 30 septembre 1830. | 30 septembre 1847. |
| BERLIN ........... | 31 août 1831. | 20 août 1848. |
| LONDRES .......... | 8 février 1832. | 24 octobre 1848. |
| CÔTES DE FRANCE... | 15 mars 1832. | novembre 1848. |
| PARIS ............ | 25 mars 1832. | 9 mars 1849. |
| RAISMES .......... | 12 mai 1832. | 12 février 1849. |

Si, comme on le voit, il existe quelques variations dans les dates d'invasion de l'épidémie actuelle, il n'y a de différence digne d'être signalée qu'au début et à la fin. C'est, qu'obligée, en 1846, à des haltes par la saison rigoureuse, elle ne quitte le nord de l'Europe qu'au printemps suivant ; puis marche immédiatement en avant, à partir du mois de juin, comme en 1847 ; arrive à Londres en octobre 1848, par une saison encore douce, et au lieu de prendre ses quartiers d'hiver de l'autre côté de la Manche, comme en 1832, elle fait quelques pas de plus, traverse le détroit, se fourvoie de quelques lieues, et s'abat sur Dunkerque au lieu de Calais, quelques mois plus tôt que dans l'épidémie précédente.

C'est que, presque partout, en effet, on a vu ses progrès suspendus aux approches de l'hiver, au moment des plus grands froids; quelquefois même être définitivement arrêtés; mais le plus ordinairement, ce n'est qu'une sorte d'engourdissement, une halte du fléau qui bientôt se réveille et reprend avec la belle saison, sa funeste activité. Sans anticiper sur l'avenir, que nous est-il réservé!!!

Est-ce fatalité, est-ce simple coïncidence ? Oh non ! c'est la volonté de Dieu qui protége la France. En 1830, pendant que le canon gronde à Paris, le choléra fait son entrée dans l'empire du Czar, décime ses cosaques ; et, du centre de la Géorgie, il arrête ses armées commandées pour relever le trône que ce despote avait restauré. En 1848, pendant que la république plante son drapeau sur les débris du trône que, dix-huit ans plus tôt, la France avait élevé, au cri de liberté, pour le roi qui fuit, le choléra est encore là, sur les frontières de ce vaste empire, qui menace l'autocrate ; et force lui est de laisser s'accomplir, sans intervention, la prophétie du martyr de Sainte-Hélène.

Qu'est venu faire en France, le choléra, en 1849? N'est-ce pas encore l'œil de la Providence qui l'y guide, pour adoucir l'exaltation de nos politiques de toutes les couleurs? A l'approche du fléau qui ne fait pas grâce, même à nos législateurs, quand l'existence de toute la population est menacée, l'instinct de la conservation parle de sa grande voix, et je ne mets pas en doute, que les instructions des corps savants mieux comprises et mieux observées, ne soient une cause du peu d'intensité que paraît prendre cette épidémie.

L'Archevêque de Paris était presque cerné dans son palais, depuis 1830, quand le choléra éclata, en 1832. Son caractère sacré était méconnu ; il en sort pour porter les consolations aux malheureuses victimes de l'épidémie, on comprend alors son ministère sublime ; les portes restent libres et partout on bénit ses pas. O malheur ! c'est toi qui nous rend sages !!

Ne pourrait-on pas se demander : le choléra a-t-il été une

calamité pour la France ? Il nous a préservés de la souillure de deux invasions, peut-être plus humiliantes que celle de 1815 ; en même temps ce malheur a profité à la France ; le gouvernement s'est empressé de réaliser les améliorations immenses réclamées depuis long-temps par l'hygiène publique, qui profitent à la nation comme à l'individu. Ne pourrait-on pas dire comme La Fontaine *à quelque chose malheur est bon?*

---

## CAUSE PREMIÈRE, NATURE ET SIÉGE.

Le génie de l'homme est impatient du joug de l'inconnu. Pour étayer un système sur le choléra, il a épuisé toutes les forces de son esprit, et il croit, dans sa présomption, avoir soulevé un coin du voile dont la nature enveloppe ses mystères. La plupart de ces théories ingénieuses et des plus séduisantes, sont tombées devant l'examen des faits ; car il n'est pas donné à l'homme de pénétrer, ni de connaître le principe des maladies pestilentielles. Là, suivant les expressions de M. Littré, tout est invisible, mystérieux; tout est produit par des puissances dont les effets seuls se révèlent à nous. Pour combler le vide de sa raison, *Hyppocrate* admettait qu'il y avait dans l'air, quelque chose de *divin.* Si nous connaissions la nature des miasmes ou des virus, les maladies épidémiques et contagieuses cesseraient bientôt de sévir contre l'humanité; car on ne tarderait vraisemblablement pas à les neutraliser.

Vous tous, qui, en m'abordant, me pressez de questions ; il me semble que vous n'êtes pas moins désireux que les médecins, de connaître l'agent mystérieux qui produit le choléra. Bien convaincu de la stérilité de mes efforts, si je me courbe devant ce mystère, vous interprêterez mal mon silence ; ce n'est pourtant que l'aveu consciencieux et réfléchi de notre ignorance. N'est-ce pas l'à-propos de vous raconter la réponse que je fis à un professeur, m'examinant pour ma réception, et qui m'interrogeait sur la nature des effluves marécageux : peut-être, lui dis-je, pourrais-je me permettre de faire l'érudit et me laisser aller en hypothèses ; mais j'aime mieux vous confesser mon ignorance : ayez la bonté, je vous prie, de nous faire connaître la nature de ce principe. Eh bien, me dit-il, je ne le connais pas non plus.

Cependant, pour reposer votre attention, et rallier quelques questions à ce dernier chapitre, sans me faire le champion d'aucune doctrine, j'essaierai de vous donner une idée de quelques-unes de ces théories qui ont obtenu le plus de suffrages des praticiens, bien que l'esprit, libre de toute prévention, demeure sans conviction intime sur chacune d'elles.

L'Académie Royale de Médecine, après une analyse sévère des nombreux documents écrits sur la maladie, émet cette doctrine dans son rapport, en 1831 : le choléra est une maladie spéciale, complexe, formée par une altération profonde de l'innervation générale, unie à un mode particulier d'affection catarrhale de la muqueuse gastro-intestinale.

L'idée qu'on s'était déjà faite de la maladie, il y a seize ans, est encore celle qui conserve le plus d'adhérents.

L'origine du choléra, disait M. Brierre, est due à un empoisonnement miasmatique. Ce principe spécial et mortifère, paraît être le produit de la décomposition des matières animo-végétales, rendue plus prompte et plus active par la chaleur, l'humidité et le voisinage des eaux ; il nage dans le vague de l'air, et voyage avec l'atmosphère; il agit comme un poison subtil, sur ceux qui sont prédisposés à contracter la maladie. Après avoir été absorbé par les poumons et la peau, son action se manifeste, en arrêtant les fonctions des nerfs, détruit l'irritabilité du cœur; transporté dans le système circulatoire, il réagit sur les muqueuses et particulièrement sur le canal intestinal, au moyen de l'appareil ganglionaire.

On ne peut, dit-il, sans cette hypothèse se rendre compte de ces morts rapides, instantanées. M. Dalmas a vu des soldats, pris en pleine marche, de vertiges, de crampes atroces, quitter les rangs, déposer leurs armes, et mourir en deux heures.

L'étude des symptômes qui se montrent au début de la maladie, porte donc à croire que le système nerveux est le premier frappé dans cette grave maladie.

C'est aussi l'opinion du professeur Trousseau; il y a, dit-il, en parlant du choléra des enfants, un élément spécial sur le système nerveux qui est frappé, de telle sorte que l'influence du cœur devient presque nulle, au point de ne plus pouvoir envoyer le sang; et alors plus de circulation capillaire; la peau n'est plus élastique; les extrémités se refroidissent etc. L'élément nerveux est donc capital; c'est à lui qu'il faut s'adresser, et non pas à la diarrhée, ni aux vomissements. N'est-ce pas aussi, comme modificateur du système nerveux, qu'agit l'*Opium*, qu'on regarde comme le spécifique de la diarrhée?

La promptitude de l'action méphytique est subordonnée à l'activité de l'absorption, et sans doute, aussi à la concentration des miasmes, qui viennent baigner les surfaces absorbantes pulmonaires et cutanées; c'est ce qui explique pourquoi, dans des circonstances en apparence semblables, l'infection a lieu pour un individu, et n'a pas lieu pour un autre. Cette explication montre encore, comme l'a très bien dit M. Nacquart, pourquoi les circonstances propres à l'individu, étant elles-mêmes susceptibles de varier, tel individu peut être préservé de l'infection dans un temps, et la contracter dans un autre, *et vice versa*. Elle fait aussi voir pourquoi un homme peut s'inoculer impunément, à une époque, le sang d'un cholérique, tandis qu'il ne tenterait pas sans danger la même expérience à une autre époque.

L'histoire de la médecine a écrit dans ses annales, l'impassible courage des docteurs Foy, Sandras, etc., qui, dans l'intérêt de la science, pour éclairer le mode de transmission de la maladie, goûtent les matières vomies par les cholériques, et s'inoculent leur sang; d'autres ont couché dans des lits que quittaient des cholériques, ont passé la nuit à côté d'eux, dans le même lit, ont revêtu leurs chemises et leurs habits, et ils n'ont point eu le choléra. D'après la dernière théorie, ce stoïcisme perdrait beaucoup de sa valeur, au point de vue des risques qu'ils ont courus ; car il est juste de remarquer que la résolution, le sang-froid et le courage qui les portaient à tenter ces essais, devaient servir de préservatif contre la maladie, si déjà l'habitude des lieux infectés n'avait modifié leur organisation; ou c'est qu'ils n'avaient pas dans ce moment les prédispositions individuelles exigées par la transmission.

Il y a encore une autre théorie toute chimique, que je ne puis taire, parce que les journaux de la localité s'en sont emparés ; c'est sur elle que repose la méthode qu'a suivie M. Beaudrimont, qui a donné ses soins aux cholériques de Marly-lez-Valenciennes en 1832. Depuis longtemps, et de nouveau encore, d'autres médecins chimistes ont voulu l'exhumer du linceuil dans lequel le raisonnement l'avait victorieusement ensevelie.

*L'atmosphère cholérique*, disent-ils, agit directement sur les voies respiratoires, et fait éprouver au sang pulmonaire exactement le même résultat qui se passe dans le lait, lorsqu'on y verse quelques gouttes d'acide, c'est-à-dire qu'il le *coagule*; de là la nécessité d'administrer des *alcalins*.

Quelle que soit l'opinion que l'on admette, quelle est la constitution de ce principe délétère? On a recherché à plusieurs reprises, dans les temps et dans les lieux où sévirent les épidémies, si l'air avait subi quelques changements dans ses qualités physiques ou chimiques; ces émanations, tellement subtiles qu'elles échappent aux instruments d'analyse les plus délicats, n'ont donné qu'un résultat tout-à-fait négatif.

L'attention publique, non-seulement parmi les savants, mais surtout parmi les personnes les plus étrangères à la science, est particulièrement éveillée sur le rôle très actif que joue l'électricité dans la production du choléra.

Cette idée n'est pas nouvelle. Dès 1830, M. Brierre disait: l'électricité doit jouer un rôle dans le choléra. En même temps, en Russie, en Allemagne, on cherchait dans l'action de l'électricité atmosphérique, l'explication de cette maladie épidémique. La dernière qui vient d'éclater, en réveillant ces idées assez vaguement exprimées, a fourni l'occasion à M. *Fourcault*, de fonder une théorie suivant laquelle la cause du choléra résiderait dans un défaut d'équilibre, entre le magnétisme terrestre, et le fluide magnétique de l'atmosphère.

Par ce défaut d'équilibre, les corps qui sont à la surface du sol, perdent une partie de leur électricité. Tous les êtres vivants sont soumis à la même influence.

Les arbres souffrent comme les hommes ; les plantes ont moins de force et de fraîcheur. Les Indous croient même avoir remarqué que les troncs des bambous pourrissent sur pied et tombent, lorsque le choléra se déclare dans le voisinage. N'avons-nous pas vu, l'année dernière, toutes les feuilles de nos cerisiers, de nos pruniers, etc, se dessécher, les branches mourir ! La maladie de nos pommes de terre ne tient-elle pas à cette cause ? N'est-ce pas aussi à cette perturbation qu'on peut rapporter les différentes épizooties très meurtrières sur les animaux domestiques, les bêtes à cornes, les lièvres, et particulièrement les poules, qui sont venues nous annoncer en 1830, et 1832, et l'année dernière encore, l'arrivée du choléra ? Des chasseurs m'ont assuré avoir trouvé, il n'y a pas long-temps, un grand nombre de lièvres morts dans les bois. Déjà dans l'Inde, en 1818, on avait remarqué que les animaux eux-mêmes étaient sous l'influence de la constitution morbifique ; beaucoup de chameaux et de chèvres périrent de la diarrhée ; ailleurs c'étaient des bêtes à cornes, des chiens. A Chakolly, on a noté une épizootie qui fit périr les treize seizièmes de ces derniers.

Les conclusions de cette théorie, que quelques savants appellent *Utropie*, sont attrayantes pour le médecin qui se rend ainsi aisément compte de tous les phénomènes qui entourent ses malades. Il s'explique, la plus grande intensité de la maladie en été, et son explosion, qui a lieu particulièrement la nuit ou le matin, époques où l'action électrique est à son minimum d'intensité. Il s'explique encore pourquoi elle s'affaiblit, suspend sa marche, s'arrête, offre des cas moins nombreux en *hiver*, pendant le jour, par suite de l'accroissement de la puissance électrique de l'atmosphère.

Sans méconnaître la puissante activité des causes locales sur le développement du choléra, il peut se rendre compte de sa marche constante par les grandes voies de communication, particulièrement par le rivage de la mer, les cours d'eau, les vallées ; et pourquoi il diminue d'intensité et de fréquence, en raison directe de l'élévation du sol et de la distance de ces vallées ; au-delà de certaines limites, dans l'Inde même, la cause perturbatrice perd toute sa puissance, et l'épidémie ne peut s'y développer, parce que les phénomènes électriques, sur la cîme des montagnes, ont une activité, et des amplitudes que l'on ne retrouve plus dans les vallées profondes et humides.

Cette remarque s'est reproduite plusieurs fois en 1831, pendant que les malheureux *Polonais* luttaient pour reconquérir leur indépendance. On a vu un régiment qui bivouaquait sur une colline élevée, auprès d'un courant d'eau limpide, n'avoir pas un seul cholérique, tandis que d'autres bataillons, campés au bas de cette colline, en comptaient un très grand nombre, et qu'il suffisait de prendre d'autres positions plus élevées, pour voir diminuer la proportion de malades.

Le médecin peut encore, jusqu'à un certain point, en contemplant l'état du ciel, trouver un électromètre pour mesurer l'activité du fléau, d'après sa sérénité ou ses tourmentes ; car on a observé qu'à la suite d'un orage avec éclairs et tonnerre, par conséquent électricité, la maladie diminuait et perdait de sa malignité. Cette remarque n'avait point échappé au docteur *Christie*, dans l'Inde en 1824.

Si cette cause est vraie, ne pourrait-on pas expliquer par là comment le choléra frappe à droite et à gauche, épargnant des individus faibles, et tuant des hommes taillés en athlètes ? Pourquoi certains individus sont plus accessibles à son action que d'autres, étant, toutes choses égales d'ailleurs, dans les mêmes conditions ; selon que ces individus sont naturellement plus ou moins chargés d'électricité, et qu'ils ont plus ou moins besoin d'en recevoir.

Quelle que soit l'opinion que l'on admette, il est un fait qui domine tous les autres, et que personne ne conteste; c'est que ce fléau se propage par voie épidémique, c'est-à-dire sous l'influence de causes ocultes, de conditions insolites, et dans une sphère d'activité indéterminée ; c'est l'importation de la maladie par les grandes réunions, et que les grands mouvements de troupes accélèrent singulièrement la marche des épidémies, quand ils se font d'un lieu infecté dans un autre qui ne l'est pas. Le choléra n'a-t-il pas fait son entrée en France, en 1832, 1835 et 1848, par quatre de nos ports, importé, sans doute, par navires! n'est-il pas sorti d'un bateau venant de Dunkerque, stationnant sur le canal de la Barre, à Lille, pour se répandre dans les alentours? Il s'attache à l'espèce humaine, la suit dans ses grands mouvements et dans ses retraites. Non-seulement une agglomération d'hommes semble emmener avec elle une portion de l'atmosphère infectée, ou du moins ils emportent dans leur organisme les germes ou les conditions du développement éventuel de la maladie. On a vu des individus fuir, avec toutes les apparences de la santé, une localité infectée, et venir mourir néanmoins du choléra, au milieu d'une localité saine.

Je vais plus loin : des faits notés surtout en Europe, mais dont on retrouve aussi les indices en Asie, semblent annoncer que, dans certaines circonstances, des individus ayant vécu au milieu du foyer épidémique, ou n'ayant même fait que le traverser, peuvent porter la maladie dans les lieux où ils se rendent ; encore que ces voyageurs restent, eux, exempts du choléra ; ou en d'autres termes, les individus atteints du choléra sont un foyer d'émanations miasmatiques pour les hommes, même les plus robustes, qui vivent avec eux, mais qui n'ont pas de prédispositions à le contracter ; et ces derniers, quoique bien portants, peuvent à leur tour, par les effluves qu'ils dégagent, devenir un foyer d'infection pour ceux qui les approchent.

Pour celui qui oserait se hasarder de faire un traité complet sur le choléra, il reste beaucoup de questions à résoudre; il en est une cependant, qu'avec des faits antérieurs nombreux, étayés d'autres faits tout récents, je me permets d'aborder, mais seulement pour l'effleurer. On en comprend facilement les motifs. Je ne me dissimule pas néanmoins, qu'une voix inconnue, sortie d'un obscur village, puisse le moins du monde influer sur l'opinion des anti...

Maîtres de la science, mes maîtres ou condisciples, cessez vos discussions; ne disputez plus sur la valeur de deux mots ; descendez de vos fauteuils, et venez suivre à travers nos champs, les traces de cette maladie, comme celles de la fièvre thyphoïde. Et si, comme correctif de votre proposition trop exclusive de la non contagion, vous admettez que les propriétés contagieuses peuvent se développer accidentellement et qu'il faut pour le moment une aptitude déterminée, une prédisposition nécessaire, spéciale pour contracter la maladie, vous reconnaîtrez que les choses se passent souvent ainsi dans nos campagnes.

Je veux bien encore admettre, parce que je crois que c'est la vérité, que la puissance communicative du choléra existe en proportion de sa violence ; et qu'il se transmet plus rarement et difficilement quand il est léger ; je me fais même si flexible, pour rapprocher les deux opinions, que j'admets encore que le froid est contraire au principe contagieux, qu'il est alors moins fixe et moins actif.

Et pour cette raison encore que la maladie se borne rarement à attaquer une seule personne, quand elle envahit une maison, ou un établissement, à moins d'une nécessité absolue, il ne faut pas prolonger les visites auprès des personnes affectées; encore moins rester dans les habitations où elle s'est déclarée. Ne semble-t-il pas qu'il y ait quelque chose de particulier dans ces maisons, qui prédispose au choléra ?

Loin de moi la pensée barbare qu'il faille délaisser et abandonner à la nature seule le soin des cholériques, et s'en éloigner dans la crainte de la contagion ; le crime de lèse-humanité ne peut sortir du cœur d'un médecin, qui se voue corps et âme au soulagement de ses semblables ! Les personnes charitables s'entoureront par leur dévouement, d'un préservatif plus certain que ne sauraient en trouver les ames lâches par la fuite. Nous conseillons néanmoins, aux personnes très effrayées, à qui la fortune le permet, de s'éloigner des lieux que ravage cette maladie dévastatrice; il ne faut donc pas rester en contact avec cette influence délétère, qui s'infiltre insensiblement chez les personnes douées d'une certaine réceptivité pour le miasme cholérique, lorsqu'elles restent dans les foyers où la maladie se déclare ; mais qu'elles se hâtent de suivre les conseils du sage *Franklin*, « dans toutes les maladies contagieuses, il faut avoir pour manière de conduite, de s'éloigner assez tôt, d'aller assez loin, et de s'absenter assez longtemps » mais qu'elles ne se pressent pas trop de rentrer. Les individus qui arrivent récemment dans les lieux où la maladie règne, en sont surtout atteintes, avant qu'elles aient eu la moindre communication avec les malades ;

tant il est vrai que le corps s'acclimate, après un certain temps, avec les maladies les plus destructives.

MINEURS ! Aux coups si inattendus et si promptement mortels que vient de vous porter le choléra, il faut lui reconnaître des phases de férocité, où il immole tous ceux qu'il approche. Nous avons vu des sujets, en apparence, bien portants le matin, être des cadavres le soir ; parce que, d'une part, surpris par la maladie, on ne s'est point mis en garde contre les prodromes : coliques, diarrhées négligées, etc. dont on ne connaissait pas la valeur, et qu'on a laissé échapper la chance heureuse d'appliquer les moyens qui peuvent arrêter le mal tout-à-fait à sa naissance ; d'autre part, parce que les causes qui l'engendrent étaient concentrées sur un point isolé et ont saisi à l'improviste des individus présentant une prédisposition particulière à recevoir la maladie. A part quelques familles qui ont des victimes à pleurer, la maladie n'a pas été plus bénigne ailleurs. On vous a dit avec quelle fureur le génie épidémique s'était appesanti sur plusieurs communes voisines, et quelle large moisson la mort y avait faite. Nous, nous n'avons à regretter que la perte de huit personnes, qui auraient peut-être échappé au fléau, si elles avaient réclamé de meilleure heure les secours de la médecine. Que serait-il advenu ? Qui peut affirmer que nous n'aurions pas eu un plus grand nombre de malades et de morts, sans les mesures prévoyantes qui ont été prises, et auxquelles les administrateurs se sont prêtés avec une sollicitude toute paternelle et bien louable, et sans les soins incessants que j'ai portés pour enrayer la maladie. Besogne rude que je faisais avec d'autant plus d'abnégation que j'étais secondé de toute la force que pouvait y mettre notre directeur, M. de Bracquemont ; car plus les foyers d'infection sont multipliés, plus les miasmes se répandent de toutes parts ; ceux qui avaient d'abord échappé à leur action, continuellement soumis à leur contact, finissent par en éprouver les effets ; et, après avoir longtemps résisté, ils succombent à leur tour aux atteintes du mal.

Enfin le fléau qui s'appesantit d'une manière si funeste sur l'humanité, paraît avoir assouvi ses fureurs dans notre localité. Vous avez eu, pendant quelque temps, des craintes pour vous-mêmes; elles étaient très naturelles dans ce cas; les temps d'épidémies sont des jours de frayeur et de désordre. Qui peut se soustraire à l'empire de la peur, à l'approche d'une grande catastrophe? J'en augure bien pour l'avenir: votre énergie morale s'est relevée; mais, prenez-y garde, ne vous relâchez pas des premières instructions que je vous ai données ; les cas isolés qui éclatent chaque jour dans nos environs, vous indiquent que ce fléau rôde sans cesse autour de nous, et il ne faut qu'un instant de négligence pour le laisser se glisser de nouveau dans l'établissement.

Un des premiers, peut-être, j'ai vu un courrier du choléra, lorsque ce dernier n'était encore qu'en Pologne ; l'homme est là pour raconter ce qu'il a éprouvé, et par quels moyens il a été sauvé; c'est ce qui m'a décidé à adopter la méthode que j'ai employée en 1832 et que j'ai reprise en 1849; ce dont je n'ai pas lieu de me repentir. Je l'ai revu, avec sa face noire après la première invasion, et, bien que depuis longtems ce fléau nous avait quittés, de loin je le craignais encore ; car depuis lors, il a laissé derrière lui de légères traces, comme les épis qu'on glane après les moissons. Il n'est pas d'années que quelqu'un dans la commune, ne lui ai payé un tribut.

Amis! Soyez aussi sobres qu'aux jours du danger ; l'ennemi vous guette; d'un moment à l'autre, il peut revenir vous surprendre; et s'il se réveillait aux approches du printemps ou pendant les chaleurs de l'été, ses atteintes seraient peut-être aussi foudroyantes et plus meurtrières; tandis que l'observation des règles qui vous ont été prescrites, ne peuvent manquer de modifier sa marche ; et, nous devons l'espérer, d'atténuer la violence du fléau, s'il nous est réservé d'en subir de nouveau la funeste influence.

N'était-ce pas le choléra que cette maladie qui régna à Valenciennes en 1008, et qui lui ravit en peu de jours, 7 à 8000 de ses habitants ? on n'y respirait plus qu'un venin mortel. Tout languissait et mourait ; la piété devenait dangereuse, et la charité même y était meurtrière : les maux dont on voulait soulager ses frères retombaient bientôt sur soi-même ; la mort était prochaine à quiconque osait soulager son père ou sa mère ; son mari ou sa femme ; son ami ou son voisin. L'on n'y entendait que des gémissements, que des soupirs, que des plaintes entre-coupées des personnes mourant dans la rue, sans espoir d'aucun secours humain.

Dans cette grande et générale consternation, un saint hermite du voisinage, nommé *Bertelain*, touché d'un spectacle si douloureux, lève les mains au ciel, s'adresse à Marie, la conjure de désarmer le bras de son fils, et de sauver cette grande ville d'une contagion si horrible. Après sa prière, il s'endort ; mais à peine est-il pris du sommeil que, dans un transport extatique, il lui semble voir et entendre la Reine des Anges, lui donner mission d'aller annoncer au peuple de Valenciennes que bientôt elle paraîtrait à l'aspect de tous pour les délivrer indubitablement. Enfin, rapporte la chronique, ce beau jour arrive, comme il avait été prédit par l'oracle sacré, Marie apparaît, environnée de sa cour céleste, brillante comme une aurore, qui annonce le retour d'un beau jour, belle comme la lune qui éclaire les ténèbres de la nuit, choisie, comme un beau soleil qui répand des rayons d'immortalité. Dans ce noble appareil, elle donne ses ordres, par un de ses regards, à un ange, qui reçoit de ses mains sacrées le céleste cordon dont il vient entourer l'enceinte de la ville. A la vue d'un spectacle si merveilleux, on ne parle que des yeux...... après quoi la vision disparaît; mais le trouble qu'il cause est si salutaire que l'insatiable fureur d'une peste horrible cessa d'abord.

Pour perpétuer le souvenir d'un miracle si glorieux et d'un si grand bienfait, on institua une procession solennelle qui s'est perpétuée jusqu'à ce jour, et se fait encore chaque année, le 8 septembre, jour de la Nativité de la protectrice et patronne de Valenciennes.

Qu'était-ce que ce venin mortel qui répandit en l'an 1291, une si grande corruption de l'air, que cette ville pensa perdre encore la plus grande partie de ses habitans?

Est-ce que ce n'était pas la même maladie qui sévit de rechef en 1515, à Valenciennes? elle n'était ni moins cruelle ni moins universelle que la précédente. En effet, plusieurs quartiers de cette noble cité, se trouvèrent déserts et délaissés, mais principalement la rue des Anges, qui fut barricadée aux deux bouts, pour empêcher que l'air infecté ne se répandît plus violemment.

O puissance incompréhensible de la foi!!! ils invoquent encore la protection de la Reine des Anges, avec tant de résignation et de confiance, que la procession par les routes tracées par l'Ange n'est pas plus tôt terminée qu'ils obtiennent le calme de cet orage furieux, et qu'à l'instant la contagion cesse.

Nous n'avons pas besoin de reporter bien loin nos souvenirs en arrière pour trouver la puissance, la magie d'un fait, d'un mot, d'un nom... L'issue de la bataille est incertaine, il arrive, il est là, un cri part des rangs.... *vive l'Empereur!* on s'élance, et la victoire est pour les Français !

Etait-ce bien la peste, proprement dite, que toutes ces maladies qui ont fait tant de ravages, à diverses époques, dans nos contrées?

Plus on remonte vers les premiers âges, moins on trouve d'exactitude dans l'observation et la description des maladies; c'est qu'on manquait de cet esprit d'analyse qui brille dans la médecine moderne; c'est pourquoi on a confondu si souvent les fièvres pestilentielles avec la peste. La doctrine d'Hippocrate et de Galien qui s'est propagée dans le vulgaire, qui s'en rapporte aux apparences, était, que toutes les maladies qui attaquaient un grand nombre d'hommes à la fois dans le même lieu et en même temps, et qui en faisaient périr plusieurs, devaient porter le nom de *Peste*.

Je sais du vénérable doyen de Saint-Amand, avec qui je m'entretenais de l'épidémie actuelle, il y a quelques jours, qu'il tient par tradition de ses ancêtres, qu'en même temps, vers 1515, qu'une épidémie étendait ses ravages sur les habitants de Valenciennes, pareille affection reproduisait les mêmes scènes de deuil et d'horreur sur tout le Cambrésis, et qu'on l'appelait la maladie *Noire*. Le chœur de l'Eglise de son village, lui a-t-on souvent répété, aurait pu contenir tout ce qui restait de population.

La peste d'Orient, bien qu'elle puisse se propager dans tous les climats, est pour ainsi dire étrangère au nouveau monde, où, au moins on ne l'a pas vue y prendre le caractère extensif et voyageur qu'a pris le choléra depuis 1817, s'est-elle avancée au-delà de Marseille en 1720? il est donc probable qu'on a confondu la peste avec d'autres maladies pestilentielles qui, comme nous le voyons, ne valent pas mieux qu'elle.

Notre ignorance à cet égard, doit nous laisser peu de regrets. Qu'importent à l'homme qui meurt, à sa famille éplorée, à ses concitoyens en deuil, les distinctions de mots, les disputes scientifiques? toutes entraînaient dans la même tombe le père et le fils, la mère et la fille, tous ceux qui assistaient ou soignaient les malades.

Après tout, ces deux maladies présentent tant de points d'analogie entre elles, que peut-être n'y a-t-il qu'une nuance imperceptible entre ces deux affections. Elles sont toutes deux d'origine étrangère ; si l'une nous vient des sources du *Gange,* l'autre a son berceau aux bouches du *Nil.* Toutes deux sont meurtrières ; le choléra tue peut-être encore plus promptement que la peste.

Les causes premières nous sont à toutes deux également inconnues ; elles échappent à l'investigation des sens, et agissent spécialement sur le système nerveux, et réagissent sur les muqueuses.

En lisant les causes occasionnelles on peut les appliquer à l'une comme à l'autre.

Les symptômes ont tant de similitude, pour tout le reste, qu'il suffirait d'enlever, par la pensée, les bubons, les anthrax, les pétéchies à la peste, et lui substituer les évacuations caractéristiques du choléra, pour les transformer l'une dans l'autre, *et vice versa.*

Le traitement préservatif est le même ; les moyens curatifs, aussi incertains d'un côté que de l'autre, se puisent aux mêmes sources.

## SIÉGE.

En présence d'accidents si graves, il semblerait naturel de croire que l'autopsie devrait révéler de très graves lésions. En vain on a ouvert les cadavres, on a interrogé tous les organes pour chercher à dérober les secrets du terrible fléau; ils sont restés muets. Ce qui paraît être le plus constant, c'est le retrait, la stase du sang à l'intérieur; c'est la congestion sanguine, presque générale, de tous les viscères ; il semble que la vie se replie sur elle-même et se concentre à l'intérieur, en abandonnant la périphérie ; c'est l'altération toute spéciale du sang ; il est noirâtre, d'une consistance poisseuse, assez analogue à celle du vernis, et si épaissi qu'il ne peut s'écouler hors des vaisseaux après la saignée; de là le trouble profond de l'innervation, de la circulation et de l'hématose.

Avant de quitter ces débris de la vie, je crois qu'il convient d'avertir les personnes généreuses qui, par piété ou bonne entente des lois divines et humaines, se dévouent en rendant aux morts les derniers devoirs, de certains phénomènes extraordinaires que l'on observe chez les cholériques après même que la vie les a quittés. Je le fais, autant pour les prévenir contre les terreurs qu'ils pourraient leur causer, que pour ne laisser aucun prétexte à la superstition, qui pourrait les exploiter. On a vu des cadavres de cholériques, chez lesquels la vie avait en apparence complètement cessé, exécuter, 6 à 8 heures après la mort, des mouvements d'une certaine étendue ; on a même pu les déterminer en frappant ces cadavres ou en les piquant avec une épingle ; chez l'un, la tête s'inclina, les pieds s'agitèrent, se fléchirent et s'élevèrent. Ces mouvements ont duré de dix minutes à trois quarts d'heure.

L'autre phénomène, c'est une chaleur remarquable qui se réveille, quelques heures après la mort, chez ceux qui, pendant la vie, offraient déjà un corps cadavérisé, froid comme le marbre. Ce fait, dit M. Dalmas, est certain, quelqu'étonnant qu'il paraisse, et les garçons d'amphitéâtre qui transportent les cadavres, s'en aperçoivent aussi bien que les médecins qui les ouvrent.

Il faudra donc se tenir dans de justes limites entre les inhumations trop précipitées et les inhumations trop long-temps retardées : les premières seraient dangereuses aux individus, dans une maladie où la mort arrive si brusquement, et souvent au milieu des syncopes qui peuvent plus ou moins long-temps simuler la mort; les autres pourraient devenir funestes pour les populations, au milieu d'une épidémie où chaque malade peut devenir un foyer d'émanations cholériques. Dans tous les cas, ce sera une sage précaution que celle de répandre de la chaux sur les corps placés dans le cercueil, ou mieux de les arroser avec une solution de chlorure de chaux ou de soude très concentrée. Il faudra aussi faire purifier les chambres où il y aura eu des malades, soit à l'aide des lotions de chlorure, soit par le moyen des fumigations guytoniennes.

Pour clore l'histoire générale du choléra, faisons la notice topographique des lieux, et résumons la courte épidémie qui est venue nous frapper.

Le quartier dans lequel a fait irruption le choléra, situé sur l'extrême limite de St.-Amand, appelé le *Prussien*, se compose d'un groupe d'une vingtaine de maisons habitées par les ouvriers des mines de Vicoigne, et bâties sur un terrain marécageux qu'on a exhaussé de 60 centimètres, avec un terrain houiller, qu'on y a jeté immédiatement sur un tas de matières végétales, depuis longtemps amoncelées dans cet endroit. Cette terre houillière est porreuse et entremêlée de *queurelles* mal tassées à travers lesquelles l'eau s'élève en certaine saison, au point de soulever le carrelage de ces maisons qui sont toujours humides, et n'ont d'ouvertures que d'un seul côté. Tout aux alentours l'eau croupit presque toute l'année, et les vents d'automne y jettent les feuilles des grands arbres de la forêt qui y touche. Pendant la saison des pluies, ou par des pluies accidentelles le niveau d'eau s'élève jusqu'à la hauteur des fosses d'aisances, en délaie les immondices qui se répandent dans les jardins attenants. Dans cette espèce de marais on jette, depuis dix ans qu'on y a construit des habitations, toutes les eaux de lavage, les urines et les matières fécales qu'on ne se donne pas la peine de transporter au courant d'eau voisin. Ces eaux corrompues par l'accumulation des matières animales, et chargées du détritus des matières végétales en décomposition, viennent flotter à deux mètres de l'entrée des maisons. Elles sont bien plus infectes encore pendant les chaleurs quand le soleil a vaporisé ces eaux puantes, et laissé à nu un tas de matières putréfiées. L'eau des puits est détestable; l'odeur en est repoussante; c'est un mélange d'eau d'un faux niveau avec les eaux du marais. Aussi ai-je depuis longtemps signalé à l'administration ce lieu, comme fournissant le plus de fièvres intermittentes.

C'est le 11 février 1849 que le fléau y apparut; je fus appelé vers sept heures du soir chez le nommé Dauverchin; là je trouvai trois malades: un enfant en bas âge, affecté depuis un an de lienterie; il était froid et cyanosé; une fille de douze ans dans le même état, et la mère qui aussi entrait dans la période algide, avec crampes atroces dans les membres; les deux dernières portaient aussi depuis huit jours une cholérine pour laquelle je n'ai point été consulté. Ajoutons que cette maison était si sale qu'elle avait été désignée plus de deux mois à l'avance comme devant être celle où le choléra viendrait se loger d'abord, si toutefois nous étions réservés à le subir; la prédiction s'est réalisée. Les personnes commises pour faire la visite ordonnée par l'administration, m'ont rapporté qu'on aurait pu enlever, dans la chambre à coucher, les *immondices* à la *pelle*; l'odeur y était tellement infecte que le directeur qui accompagnait les visiteurs dût reculer et descendre les escaliers le nez couvert de son mouchoir, et qu'on ne put continuer l'inspection qu'en faisant ouvrir les fenêtres. Le lendemain, au soir, sur le même tombereau, on conduisait au cimetière la mère et deux enfants.

Le lit dans lequel couche celle qui doit les suivre, n'est séparé de la chambre où viennent de succomber les trois premières victimes, que par une simple muraille. Ne semble-t-il pas que le miasme cholérique se soit infiltré au travers de cette cloison pour venir la surprendre? celle-ci a été en quelque sorte foudroyée. Elle se préparait, vers cinq heures du matin, pour aller traîre les vaches d'une ferme voisine; elle ne passe pas le seuil de sa demeure, qu'elle rentre, se sentant indisposée; elle se couche à sept heures; j'étais près d'elle et déjà le froid de la mort l'avait frappée. J'essayai d'ouvrir la veine; j'y fis deux larges ouvertures sans résultat; je les laissai béantes, en recommandant à un assistant de surveiller cette saignée, si nous avions le bonheur de voir la réaction s'établir; vain espoir! les draps du lit ne furent seulement pas tachés; elle était morte et enterrée de la même journée. Je n'ai pu m'assurer, ou elle ne voulut pas me le déclarer, s'il avait existé des symptômes prodromiques. Il restait dans cette maison un enfant cholérique que nous fîmes transporter à l'hôpital temporaire que nous avions créé, et où il guérit. Le père eut une forte cholérine qui fut enlevée par notre moyen ordinaire. Le fléau saute une demeure entre celle-ci et celle où il va s'abattre pour y faire trois nouvelles victimes; ces personnes portaient aussi depuis plusieurs jours une cholérine, dont elles connaissaient la valeur par les instructions, mais qu'elles ne voulaient pas déclarer dans la crainte d'effrayer la famille. Je témoignai à tous mon mécontentement et mes regrets d'avoir été appelé si tard pour une maladie dont la veille on aurait presque à coup sûr arrêté la marche. Lorsque j'arrivai il était aussi trop tard. Ici l'encombrement a été une cause secondaire, puissante pour produire le choléra; ils couchaient neuf dans une chambre et un petit réduit y attenant, sans air, quoique très propre d'ailleurs. Il s'est passé là, sous mes yeux, une scène bien touchante; la mère qui avait soigné et vu mourir deux de ses enfants, exténuée de fatigue, seule, pour continuer les mêmes soins à son mari, éplorée, ne pouvant faire davantage, elle implore l'assistance de Dieu et se résigne à sa volonté.

Pour justifier la médecine, ou, pour être plus juste, pour justifier le médecin, disons que la consternation était si grande qu'aucun remède n'a été administré aux malades, ou ne l'a pas été selon ses désirs.

Voyant que les cholériques tombaient d'emblée dans la période algide, je me rappelai la saignée qui m'avait été si utile, en pareille occurence, en 1832; je retrempai mes inspirations dans la nature.

Le cultivateur prévoyant, qui déjà a sillonné son champ, craint, à l'approche de l'hiver, la stase de la vase amenée par les pluies torrentielles; il multiplie les *saignées* à sa terre pour faciliter l'écoulement, et prévenir l'engorgement des parties déclives. N'est-ce pas là l'action de notre saignée de précaution? Je la pratiquai sur presque tous les habitants du quartier. Une parente des trois dernières victimes, jeune fille de 22 ans, y fut soumise dans la soirée; mais, sans doute, déjà sous l'influence de la maladie, elle ne put lui échapper; cette fois la maladie fut bénigne et cette personne guérit. C'est le seul cas que j'aie vu depuis lors; il ne manquait cependant pas de pâture; tous étaient sous l'influence de la peur; mais l'hôte terrible était dompté; si tous eurent, plus ou moins les symptômes prodromiques, la saignée étouffait la maladie. AVIS A MES CONFRÈRES.

Cette courte épidémie nous a enlevé, en moins de huit jours, huit malades; sept en deux maisons, puis est disparue. Son temps de durée dans la localité qu'elle envahit, n'est donc pas toujours, comme on a voulu le dire, en rapport avec son intensité; elle a régné en maîtresse en 1832, pendant 27 semaines, à Paris, y a fait 18,402 victimes, 814 décès en un seul jour (9 avril), 7000 en 17 jours. Mais ce qui est plus vrai, c'est que généralement les périodes les plus courtes sont celles d'automne, tandis que les périodes d'été sont très longues. Il vaudrait donc mieux la voir arriver à l'arrière saison qu'en été.

Suivons les traces de cet épouvantable fléau, né à Vicoigne. Il n'existait aucun cholérique dans la commune d'*Hasnon*, distante du lieu infecté d'environ cinq kilomètres. Une des sœurs de la femme *Dauverchin* en sort bien portante, pour venir la visiter. Elle reste à peine deux heures dans la maison; mais c'est elle qui se charge de vider les paillasses sur lesquelles avaient succombé sa sœur et ses nièces; elle les accompagne à l'église de St.-Amand et de là au champ commun, puis elle retourne chez elle, déjà atteinte du choléra dont elle meurt le surlendemain. La personne qui l'a soignée meurt; celles qui ont donné des soins à celle-ci meurent; dix personnes sont successivement atteintes de la maladie, après avoir approché et soigné des cholériques, et meurent.

Il restait deux filles à Dauverchin; elles suivent avec leur père, les restes de leur mère et de leurs sœurs à la cérémonie religieuse à St-Amand. N'ayant plus rien qui les retenait à Vicoigne, le père les conduit dans sa famille à Hasnon; l'ainée ne peut même gagner la demeure de son ayeul; on l'y transporte, elle était cholérique. Le père lui-même, qui n'a pas fait faute, excité par le chagrin, de faire amples libations, est pris le lendemain d'une forte cholérine. J'arrive assez à temps pour en faire justice par la saignée. La fille, à qui j'avais fait appliquer de nombreuses sangsues, est le surlendemain dans un état satisfaisant. Un de mes confrères est d'accord qu'elle a 49 sur 50 de chance de guérison; et, pour m'éviter une trop longue course, il veut bien se charger de diriger la convalescence; mais je ne sais à quelle cause, rapporter sa mort huit jours après. La cadette, la dernière de la famille, ne tarde pas à suivre sa sœur, de sorte qu'il ne reste de six membres que le père.

Il y a dans cette courte histoire, de quoi satisfaire et rallier les contagionistes à ceux qui ne reconnaissent que l'infection. Si on ne peut mettre en doute la contagion chez les dix personnes qui ont soigné d'autres malades, on peut raisonnablement croire à l'infection chez le père et les derniers enfants de Dauverchin, *infection* puisée au premier foyer et emportée avec elle à Hasnon; ce qui permettrait d'admettre un certain terme d'incubation !!!

## SYMPTOMES.

Je viens de vous dire ce qu'il faut faire pour se mettre dans les meilleures conditions pour attendre la maladie; c'est le traitement *prophylactique*. Il me reste à vous faire connaître à quel ennemi nous allons avoir affaire, et de quelle manière il se traîne jusqu'à nous pour nous surprendre.

Ce que l'on connaît le mieux du choléra, c'est sa physionomie ; ses traits sont si constants, si caractéristiques que tous les auteurs qui l'ont peint, n'ont, en quelque sorte, fait que se copier. Toujours, partout et chez tous les écrivains, la symptômatologie est concordante.

Il ne faut cependant s'attendre à rien de fixe, à rien de régulier, au milieu de cette scène de désordre et de destruction. La marche et la série, suivant lesquelles les symptômes se déroulent, s'enchaînent et se succèdent, sont très variables ; quelquefois même les symptômes les plus caractéristiques manquent absolument ; sans doute, parce qu'ils n'ont pas le temps de se mettre en évidence ; tels sont, par exemple, les vomissements ; d'autres fois, surtout, pendant les premiers jours de l'invasion, les époques de la maladie se confondent et s'épuisent en un espace de temps si court, que cette invasion brutale se termine quelques heures après par la mort. C'est le choléra *foudroyant !!!*

Ce moment de fureur passé, presque jamais, sinon jamais, la maladie arrive inopinément ; et lorsqu'elle est développée, les symptômes se succèdent dans un ordre régulier. Le début a lieu généralement la nuit et dès le matin, et assez souvent même pendant le sommeil ; mais il y a à cette règle de nombreuses exceptions.

Pour nous qui ne voulons suivre la maladie que jusqu'à l'époque où les secours peuvent être administrés par une personne intelligente, en attendant l'arrivée du médecin, nous adopterons, pour mettre plus de clarté dans l'exposé des soins que réclame cette maladie, trois périodes dans la marche du choléra asiatique, qui sont souvent distinctes et plus ou moins saillantes, selon les constitutions des individus.

De même que le choléra grave est neuf fois sur dix, précédé d'une période d'incubation qu'on a nommée *cholérine*, celle-ci est elle-même devancée, dans le plus grand nombre de cas, plus ou moins long-temps à l'avance, quelques heures, quelques jours, quelques septenaires, par des phénomènes précurseurs qui offrent d'autant plus d'importance, que c'est dans cet intervalle si court, mais décisif, entre le commencement et le développement de la maladie, que les secours de la médecine parviennent à l'étouffer dans son travail de formation, ou tout au moins à lui préparer une terminaison heureuse. C'est contre ces deux états, qui ne sont plus la santé, et qui ne sont pas encore la maladie, que doivent se diriger toutes les mesures coercitives des médecins.

### PREMIÈRE PÉRIODE. — INFLUENCE.

*Forme nerveuse.* La presque totalité des personnes vivant dans la sphère d'activité du foyer épidémique, fortes ou faibles, saines ou malades, qui échappent au choléra, ont eu, quoiqu'à des degrés différents, la constitution modifiée de telle sorte qu'il en résultait constamment un trouble plus ou moins notable des fonctions cérébrales ou digestives. Partout cette influence a été observée. Tout ce qui a été noté par les médecins anglais dans l'Inde, surtout par Annesley, se représente exactement sous les yeux des médecins qui suivent la maladie en Russie, en Pologne et en Angleterre; et ce n'est cependant que depuis l'épidémie, sous les coups de laquelle nous sommes, qu'elle a éveillé l'attention des médecins français.

Le premier effet de *l'aura-cholerica*, sur la population envahie, est de produire une sorte d'anéantissement des forces physiques et morales, qui signalent si fréquemment l'imminence des maladies graves.

Cet état anormal se traduit par un sentiment de gêne et de malaise général, d'abattement indéfinissable, de sensibilité exagérée. Il n'est pas rare d'observer une sorte de tremblement, de brisement, de fatigue, de faiblesse générale, de lassitude spontanée. Sans pouvoir se rendre compte de ce qu'ils éprouvent, les malades disent : je ne suis en état de rien faire.

Parfois on éprouve des éblouissements, des bruissements d'oreilles, de la céphalalgie temporale, un serrement de tête comme si on éprouvait un commencement d'asphyxie par la vapeur du charbon, des espèces de vertiges ; quelquefois les symptômes sont accompagnés d'un sentiment crampeux dans les mollets et à la plante des pieds ; de picottement dans les jambes, de fourmillement et d'engourdissement aux doigts, et à la main ; il survient quelquefois des sueurs abondantes.

*Forme intestinale.* Cet état de langueur et d'anxiété est quelquefois accompagné, mais au moins immédiatement suivi, d'une sensation de plénitude, de pesenteur, d'ardeur à l'estomac, même sans avoir pris d'aliments ; de lenteur dans la digestion avec éructations fréquentes. Balonnement du ventre ; borborygmes, ou gaz circulant dans les intestins, qui diffère du gargouillement ordinaire par sa régularité et son bruit particulier ; on ressent une sensation d'ardeur au rectum, d'où s'échappent sans cesse des vents fétides ; viennent ensuite les coliques légères, surtout autour du nombril, il y a quelquefois constipation, mais le plus souvent c'est une diarrhée simple ; les matières évacuées restent brunes ou jaunes; elles deviennent de plus en plus tenues en proportion qu'elles sont plus ou moins répétées; il vient quelquefois s'y joindre des nausées, et même des vomissements de matières mal digérées. Ces symptômes sont surtout marqués peu de temps après chaque repas. L'appétit est souvent diminué.

## IMMINENCE.

*Troisième forme.* On peut considérer comme étant menacées du choléra, les personnes qui présentent les conditions suivantes : le visage est pâle et terreux ; les traits sont affaissés, la physionomie est triste et abattue, d'une expression étrange ; le regard est celui d'un homme ivre; cercles bleuâtres autour des yeux ; douleurs et frissons entre les épaules, dans le creux de l'estomac ; oppression, secousses fréquentes dans les articulations ; puis viennent soudainement les vertiges ; et le malade craignant de tomber en défaillance, est forcé de se tenir à quelque objet. Plusieurs accusent un obscurcissement de la vue, des illusions d'optique ou une dureté de l'ouïe.

Dans tous ces cas la circulation est ralentie, la peau humide, plus froide que d'habitude, envies d'uriner moins fréquentes. Ces symptômes, ou seulement quelques-uns d'entre eux, peuvent durer plusieurs heures et même plusieurs jours.

Cette forme, poussée à toute son intensité, est le choléra foudroyant qui terrasse ses victimes en quelques heures, avant que les autres symptômes aient le temps de se manifester. Ne sont-ce pas là bien évidemment les indices non équivoques d'une altération dans les fonctions du système nerveux ?

Que ces divers signes prodromiques se soient manifestés d'une manière plus ou moins appréciable, avec plus ou moins d'ordre et de régularité, ou qu'ils aient manqué, on voit survenir les évacuations alvines, symptôme plus constant dans le choléra que les vomissements; et, dans un grand nombre de cas, le seul qui se présente.

### DEUXIÈME PÉRIODE.

Le symptôme précurseur, le moins variable d'une attaque de choléra asiatique, c'est le relâchement du ventre, la diarrhée, le choléra diarrhéïque, ou comme l'a nommé *J. Guerin*, LA CHOLÉRINE. C'est, dans la plupart des cas, le premier, le plus fréquent, le seul phénomène appréciable. Cette période peut ne précéder que de 2 à 24 heures comme elle peut exister depuis 7 à 8 jours et plus; mais 9 fois sur 10 elle dévance l'état confirmé. Elle consiste en une diarrhée légère. Le plus souvent le malade n'éprouve que des coliques sourdes qui varient de place; quelquefois même il n'éprouve qu'un léger mal de ventre qui précède une selle; tandis que d'autres malades éprouvent des coliques violentes avec envies continuelles d'aller à la garderobe. Le canal intestinal commence par se vider des aliments existant dans les voies digestives; les malades se sentent comme soulagés, et le soulagement qui s'en suit les laisse dans une fausse sécurité. Les selles se succèdent à des intervalles plus ou moins rapprochées: 3, 4, 10 et même 40 dans les 24 heures.

La douleur, quand elle existe, consiste en une sensation de resserrement ou de malaise vers l'intestin, surtout autour du nombril, avec chaleur au pourtour de l'anus; mais les évacuations alvines, alors même qu'elles sont accompagnées de cette sensation douloureuse, occasionnent si peu de dérangement, qu'on a de la peine à les considérer comme l'annonce d'une indisposition, à plus forte raison comme le commencement d'une aussi terrible maladie ; en sorte que si l'on n'était pas prévenu de ce symptôme, on pourrait n'y faire aucune attention, ou n'y voir qu'une indigestion. On doit cependant répéter que pendant la durée d'une épidémie de choléra, toutes diarrhées, le moindre relâchement d'entrailles, tout dérangement du côté du tube intestinal, doit être considéré comme annonçant l'invasion ; une seule évacuation de plus que celles qui sont habituelles à l'individu; un simple ramollissement des matières doit être traité en conséquence, attendu qu'à ce degré il peut être arrêté par des moyens fort simples; mais que, si on le néglige seulement pendant quelques heures, il peut prendre une tournure funeste; mais, c'est fâcheux dans ce cas, l'appétit qui souvent se maintient, n'arrête pas les malheureux qui semblent braver la maladie en continuant les excès.

Dans cette période les évacuations alvines conservent leur couleur et leur odeur excrémentitielles; elles sont tantôt jaunâtres, brunes, rarement sanguinolantes; on y trouve quelquefois des vers lombrics; au fur et à mesure qu'elles deviennent plus abondantes, elles se ramollissent; sont d'abord comme de la bouillie; insensiblement elles deviennent séro-muqueuses, et se rapprochent petit à petit de celles qui caractérisent la troisième période; déjà même on y trouve des mucosités blanchâtres mêlées. Au bout d'une ou deux heures, souvent même sans intervalle, le malade a des nausées, et vomit sans grands efforts; il rejette d'abord les aliments qu'il avait dans l'estomac; puis les boissons et enfin des matières séro-albumineuses qui approchent de celles qui caractériseront la période grave. Assez souvent les évacuations par le haut et par le bas ont lieu en même temps ; on voit aussi la tendance à la forme cholérique se dessiner ; affaiblissement de la circulation ; sueurs froides au front ; frissons qui parcourent le corps, crampes aux mollets, etc., etc.

C'est ainsi que par degrés, insensible, abandonnée à elle-même, dans les lieux où règne l'épidémie cholérique, la diarrhée simple, soit qu'elle ait précédé ou qu'elle soit née sous son influence, est presque toujours susceptible de se convertir en maladie confirmée.

La période de diarrhée peut durer de quelques heures à deux ou trois jours, et même chez quelques-uns, pendant plusieurs semaines. Traitée convenablement les progrès de la maladie sont enrayés en général avec facilité et la période *cyanique* ne se montre pas. Si les accidents sont négligés ; si les remèdes ne sont pas administrés en temps opportun ; ou si leur administration n'est pas suivie de succès, la troisième période commence subitement avec toute la violence qui distingue cette cruelle maladie.

Quelquefois il est vrai, comme nous l'avons déjà dit, lorsque le poison existe à un degré d'intensité insolite, ou lorsqu'il y a une prédisposition naturelle très marquée, la deuxième période semble faire défaut ; alors il est d'observation que le choléra spontané, très rare d'ailleurs, est toujours funeste. Mais, nous le répétons, cette invasion subite n'est qu'apparente : la maladie existait ; elle a fait des progrès en quelques heures, en quelques jours. On ne peut croire en effet, qu'une si horrible affection éclate tout-à-coup, comme la foudre, sans avoir été précédée d'un certain trouble dans l'organisme.

Ces deux ordres de phénomènes, l'altération de la grande fonction de l'innervation, et le trouble des voies digestives, sont comme l'abrégé de la maladie tout entière. Dans la première période ce sont les symptômes de l'affection nerveuse qui l'emportent; dans la seconde, l'affection des muqueuses gastro-intestinales est surtout en relief; mais presque toujours ces deux périodes se mêlent et se confondent.

TROISIÈME PÉRIODE.

Lorsque le choléra se réalise, les symptômes que nous venons de signaler prennent plus d'intensité. Les intestins se sont débarrassés des matières fécales; surviennent ensuite en très grande abondance et à des intervalles très rapprochés, les évacuations du choléra confirmé; elles consistent en une matière d'aspect blanchâtre, opaque, assez analogue à une décoction de riz trouble, ou de son, à de l'empois délayé dans de l'eau, à du petit lait mal clarifié, au *lait de beurre* des campagnes, sur lequel surnage de petites pellicules de matières albumineuses; ce liquide laisse aussi déposer au fond du vase, une grande quantité de flocons muqueux dont quelques-uns ont l'aspect du riz bien cuit; il a une odeur douçâtre, nauséabonde, spermatique, si caractéristique, que l'on n'oublie pas après l'avoir sentie; elle est si pénétrante qu'elle s'infiltre dans ceux qui approchent le patient, et que le médecin reconnaît, même à l'odeur des vents qui les tourmentent fréquemment. Dans beaucoup de cas elles sont aqueuses, incolores, homogènes et diffèrent peu des urines, et comme celles-ci sont supprimées, et que les selles sont involontaires, on peut s'y méprendre, surtout chez les enfants; et l'on dit que les malades ont beaucoup uriné, et n'ont point eu de selles; c'est là le caractère qui les distingue des autres flux abdominaux, qui sont ou bilieux ou muqueux; à cet aspect il n'est plus permis de s'y méprendre, la maladie est confirmée. Ce symptôme unique constitue même quelquefois la maladie.

Alors commencent les coliques, si elles n'avaient pas précédé; elles sont quelquefois atroces. A une époque indéterminée, trois ou quatre heures après le début, les malades ressentent des crampes qui affectent le plus ordinairement les muscles des orteils, des pieds et surtout des mollets; crampes variables suivant la sensibilité des individus ; plus violentes, plus opiniâtres chez les femmes que chez les hommes, et quelquefois d'une violence intolérable; elles se manifestent ordinairement pendant un accès de vomissement; leur durée varie d'une à 5 minutes; les intervalles sont de quelques minutes. Bientôt après des vomissements de même nature que les selles surviennent; elles sont l'une et l'autre continuelles et simultanées; c'est alors que les crampes s'élèvent aux extrémités supérieures; ils consistent en contractions extrêmes des mains; on ne peut plus écarter les doigts. Comme si ce n'était pas assez de cet état de torture, le malade éprouve un sentiment d'ardeur et de brûlure au creux de l'estomac; une barre épigastrique oppresse et étouffe les malades.

La peau prend une teinte livide, ardoisée; des lignes bleuâtres qui imitent certaines marbrures se montrent d'abord aux extrémités, puis s'étendent sur toutes les parties du corps, plus marquées aux extrémités, aux lèvres, aux aîles du nez, aux oreilles, aux pommettes et constituent la période cyanique; c'est l'effet de la stase du sang dans les ramifications capillaires, veineuses et artérielles.

Un froid glacial, qui va toujours croissant des extrémités, au nez, aux lèvres, aux oreilles, s'empare de tout le corps; le malade n'en a pas la conscience, puisqu'il se plaint d'une chaleur extrême qui le dévore, cherche à se débarrasser de ses couvertures, et demande sans cesse des breuvages frais et désaltérants; c'est la conséquence du retrait du sang à l'intérieur et de la grande déperdition des matières excrétées qui sont immédiatement expulsées par un vomissement sans efforts, sans douleurs et par les selles qui sont chassées des intestins avec force comme par le jet d'une seringue. La peau est cadavéreuse; elle a perdu sa sensibilité et sa contractilité vitale; en la comprimant entre deux doigts, dans un point, elle conserve pendant quelques temps, le pli qu'on lui a imprimé; et au lieu de rester blanche, six secondes, comme à l'état normal, elle reste telle pendant plusieurs minutes. La peau des mains est plissée, profondément ridée, elle rappelle très bien celle des blanchisseuses qui ont savonné toute une journée; c'est aussi un des symptômes pathognomoniques; il n'appartient qu'au choléra. Mais il n'en est point de plus invariable et de plus essentiel que la chute subite du pouls; avec les progrés du mal, il devient de plus en plus misérable, s'enfonce et finit par disparaître; il vibre plutôt qu'il ne bat; souvent les pulsations manquent totalement au poignet; c'est à peine si l'on peut sentir les battements du cœur.

L'altération profonde des traits de la face, *facies cholé-ques,* née en un instant, n'est pas moins remarquable; les yeux se cavent, le globe s'enfonce dans les orbites, les joues s'effacent et se rident, elle donne au malade l'aspect cadavéreux. Vous avez vu ce jeune homme, il y a quelques heures aux joues rosées; il n'est bientôt plus qu'un vieillard; sous ce rapport tous les cholériques se ressemblent. Ne semble-t-il pas que la mort ait hâte de couvrir de son masque affreux celui qu'elle a marqué de son cachet? La voix est faible, éteinte, et comme sépulcrale; le malade ne peut plus se mouvoir; il lui semble être une masse de plomb; il ne peut agiter que ses bras, ses jambes; mais son torse reste immobile.

Par suite de la déperdition de la partie séreuse du sang, par les selles, toutes les excrétions sont supprimées ; il n'y a plus d'urine ; la bouche est desséchée ; tant la salive y afflue peu ; le patient n'a plus de larmes de reconnaissance pour les soins affectueux dont on l'entoure ; et au milieu de ces grands désordres, malgré cette atteinte portée à l'organisme, les fonctions des sens paraissent n'avoir éprouvé aucune altération ; quoiqu'il semble indifférent à tout ce qui se fait pour lui, et à tout ce qui se passe autour de lui, la raison se conserve intacte ; si on l'agite, le moribond répond juste, quand on le sollicite, aux questions qu'on lui adresse. Cet état peut durer 12 à 24 heures, et quelquefois moins encore.

Tels sont les signes physiques, caractéristiques et fondamentaux de cette affreuse maladie qu'on ne peut voir, sans que son horrible aspect reste à jamais gravé dans le souvenir. Ici je m'arrête ; je ne fais qu'ébaucher ce lugubre tableau.

Ce n'est pas sans dessein si je n'ai décrit ni l'état du pouls, d'ailleurs si variable aux différentes périodes, ni fait connaître la forme et la coloration de la langue, etc. Tout cela est du domaine du médecin ; lui seul peut apprécier la valeur de tous ces signes ; sous ce rapport là il en sait tout autant ou plus que moi.

Hélas ! il faut le confesser, plus loin la scène est encore plus déchirante. Le médecin se trouve devant un cadavre animé. Plaignez-le ; il gémit, il s'incline ; impuissant à combattre une maladie contre laquelle les ressources de la médecine viennent trop souvent échouer, et son ministre est forcé d'assister passivement au drame effrayant qui se déroule devant lui ; il voit tous les rouages de la vie tomber pièces par pièces, il voit l'homme passer de la vie au trépas !

Au tableau sympthômatique que je viens de tracer pourrait-on méconnaître la maladie, si le choléra traînait toujours après lui ce cortège rédoutable de symptômes? on ne doit pas s'attendre à rencontrer tous ces caractères chez tous les cholériques ; souvent il ne s'annonce que par une simple diarrhée, et cependant l'expérience avait déjà appris aux médecins anglais, dans l'Inde, comme vient encore de l'observer M. Monneret, à Constantinople, que ce signe unique suffisait, dans les épidémies du choléra, pour en reconnaître l'existence. Dans certaines circonstances, les vomissements, les évacuations alvines et les spasmes manquent, et l'on n'observe que des vertiges, des tintements d'oreilles, de la cécité, des défaillances; le malade tombe tout-à-coup, comme sans vie; et s'il n'est promptement secouru, la mort vient mettre un terme à ce terrible drame. D'autre part, la nature se joue souvent de nos divisions scolastiques; presque toujours les périodes s'unissent, se mêlent et se confondent l'une dans l'autre, par des gradations insensibles; plus souvent encore elles sont modifiées par l'idiosyncrasie, le tempéramment, les habitudes des malades; les doses du poison absorbé, suivant les résistances individuelles, et par d'autres circonstances locales. Mais lorsque ces périodes sont prononcées, elles conduisent à des indications thérapeutiques plus ou moins précises.

## TRAITEMENT.

En face d'un fléau qui frappe comme la foudre, qui promène une mort quelquefois inévitable, moissonne dans tous les rangs et dans toutes les conditions ; qui retient ceux qu'il a attaqués dans de longues et difficiles convalescences ; mais qui se présente avec des caractères qu'il est toujours sage et pressant de prévenir ou de combattre, dès qu'ils se manifestent, n'importe à quel degré d'intensité ou de bénignité; il est du devoir du médecin philanthrope de mettre chaque individu à même d'apporter les premiers soins, les premiers secours.

Mais que faire? quel guide prendre au milieu de ce déluge de méthodes qui ont été préconisées contre le choléra? Cette multiplicité n'accuse-t-elle pas, ou la pauvreté de nos richesses thérapeutiques ou le caractère de malignité du fléau qui oppose aux efforts de l'homme une résistance toute particulière?

Le rapporteur de la commission de l'académie de médecine émettait en 1831 cette conclusion peu consolante, mais qui n'a pas encore été démentie, qu'il n'existe pas pour le choléra épidémique de méthode de traitement unique, constante et applicable à tous les cas, c'est-à-dire de spécifique.

Aussi toutes les tentatives que l'on a faites pour trouver cette panacée, ont-elles échoué. Pouvait-il en être autrement; c'est sur des idées préconçues, sur la nature préjugée de la maladie, que reposent uniquement les moyens thérapeutiques, et ces moyens ne s'appuyant sur aucun principe fixe, ont dû rester le plus souvent impuissants. N'est-ce pas en effet faire du Donquichotisme que de vouloir combattre par des moyens réglés à l'avance un être invisible, inconnu?

Il en résulte qu'en l'absence de tout remède spécifique, il faut surtout s'attacher à l'étude des troubles de l'organisme malade, et déduire de cette observation attentive les règles du traitement.

Mais peut-on appeler rationnels la plupart des systèmes de médications les plus diamétralement opposés qu'on a employés jusqu'aujourd'hui pour combattre le choléra ? quand presque tous puisent leurs ressources à tous les règnes de la nature, épuisent toutes les classes des substances médicamenteuses auxquelles l'expérience des praticiens a reconnu les vertus les plus incompatibles, pour en former un amalgame de drogues dont l'association bizarre frappe les esprits les plus conciliants ; aussi quelle confusion, quelle anarchie ! Il est vraiment impossible de démêler quelque chose au milieu de ces innombrables médications, des recettes de tous genres qui ont été indiquées contre cette affection.

En suivant les indications particulières et pratiques, applicables à chaque phase de la maladie ; en luttant corps à corps contre les symptômes qui constituent le choléra, fait-on autre chose que de la médecine symptômatique? Ici c'est contre la diarrhée, là c'est contre le vomissement ; en autre temps c'est contre le trouble de l'innervation ? Ne soyons pas trop vains ; nous faisons, je crois, de l'empirisme raisonné ; néanmoins en ayant égard à ces données, il est permis d'assurer que l'on pourra combattre quelquefois avec avantage les accidents même les plus graves, et sauver bien des victimes, qui, livrées aux efforts de la nature, ou aux pratiques incohérentes d'un empirisme ignorant, auraient inévitablement succombé. Et, si dans les grandes calamités qui affligent l'humanité, la médecine est obligée d'abdiquer une partie de sa toute puissance, le rôle du médecin est encore assez beau : guidé par l'étude qu'il a faite des infirmités humaines, l'expérience lui révèlera, quelle que soit la méthode qu'il a adoptée, les moyens de modifier les indications d'après la prédominance de ces mêmes symptômes ; car personne ne met en doute que le tempérament ou constitution individuelle, l'âge, le sexe, les habitudes des sujets frappés, les différentes périodes de la maladie, et les complications morbides ne doivent être prises en sérieuse considération par le praticien, et apporter une grande modification dans le traitement à opposer au choléra. « Il n'est donné qu'à la lumineuse pénétration et qu'au tact exercé du médecin, de s'élever aux applications qui appellent le succès (Double).

Soyons de bonne foi, mettons-y de la conscience ; de tant d'efforts qui ont été tentés, qu'avons-nous recueilli? La thérapeutique a-t-elle fait de bien importantes acquisitions depuis que le choléra a passé d'Asie en Europe? Sommes-nous en progrès? Avons-nous des moyens plus certains pour nous rendre maîtres de cette cruelle maladie?

Si quelque chose étonne, c'est qu'un des moyens qui était universellement employé pendant la première épidémie, et qui était l'ancre de salut pour beaucoup de médecins, brille aujourd'hui, comme on le dit, par son absence; je veux parler de la SAIGNÉE. Les moyens qu'emploie le médecin seraient-ils soumis à l'empire de la mode, ou bien n'est-ce pas l'effet persistant de la vieille rancune dont on a poursuivi le chef de l'école physiologique? Ce qui me prouve qu'elle n'est pas à jamais détrônée, c'est que sans elle la mortalité proportionnelle ou relative se montre partout avec une aussi désespérante uniformité qu'auparavant; partout elle est encore de plus de moitié par rapport au nombre de malades, et le plus souvent des deux tiers par rapport au nombre de guéris; et sans doute elle serait encore plus considérable si l'on négligeait ou qu'on ne tînt pas compte des symptômes prodromiques, particulièrement de la diarrhée, qu'il est souvent en notre pouvoir d'enrayer; mais, si par négligence ou impuissance nous nous laissons dominer; si nous n'arrêtons pas l'évolution complète du choléra, on pourra encore dire, comme en 1832 « que les malades qui sont traités par la saignée, et qu'ils succombent; qu'on leur administre le calomel, et qu'ils meurent; qu'on les traite par l'opium, et qu'ils ne périssent pas moins; qu'on associe même ces divers moyens, et qu'ils n'en guérissent pas plus. » Réflexion grave, pensée douloureuse!

N'oublions donc pas cette vérité capitale proclamée par les médecins anglais qui ont été les premiers sur le théâtre où la maladie exerçait ses ravages, vérifiée par les médecins russes et par nos généreux français en Pologne ; depuis, confirmée par les médecins qui suivent l'épidémie actuelle: que la vie d'un grand nombre d'hommes dépendra du soin avec lequel on observera et l'on combattra les phénomènes précurseurs du choléra; que le traitement peut être couronné de succès; mais à la condition d'être appliqué de bonne heure, et dès que les premiers symptômes se manifestent. Il est très facile d'éteindre l'étincelle, dit le docteur *Thielmann*, tandis qu'au contraire, l'incendie ne peut être étouffé, qu'au moyen des plus grands efforts, et quelquefois ne pas l'être du tout. C'est une question de vie ou de mort.

Tous les efforts thérapeutiques qui, jusqu'à ce jour, se sont concentrés sur la période algide, doivent donc, désormais se reporter sur la période prodromique. Comme les derniers symptômes sont, jusqu'à un certain point, subordonnés à ceux qui précèdent, on comprend que si l'on peut réussir à arrêter les uns, on empêchera presque nécessairement le développement des autres.

Faut-il accepter la triste sentence sortie de la plume du rédacteur de l'un de nos journaux, exclusivement consacré à la thérapeutique? « vous guérirez, quand Dieu voudra! quand les malades ne devront pas mourir! c'est-à-dire qu'autant que le mal est léger, mais non mortel de lui-même. Il faut avouer, cependant, que la violence avec laquelle l'affection débute et marche, si on ne l'arrête pas dans sa course, et la mort prompte qui s'en suit, ne laissent pas, en quelque sorte, au médecin le temps d'employer les remèdes convenables, et à ceux-ci le temps d'agir. On sait que les évacuations sanguines qui, selon moi, auraient pu faire merveille, pratiquées dès le début, sont à la période avancée impraticables le plus souvent, à cause de la suspension de la circulation périphérique, et que l'absorption, devenue nulle dans le canal intestinal durant le choléra confirmé, laisse le médecin désarmé et sans ressources pour combattre la maladie la plus meurtrière. On pourrait peut-être même dire que la mort est inévitable chaque fois que la maladie arrive à la période asphyxique. L'aveu est triste, mais indispensable ; le traitement du choléra déclaré est l'un des plus affligeants exemples des écueils de la médecine ; mais si c'est une vérité, elle est utile cependant, en ce qu'elle oblige à accorder plus d'attention au traitement préservatif, le plus efficace.

Malgré tant d'insuccès et de découragement, il ne faut pas que le médecin se laisse rebuter par les signes les plus désespérants. Si le choléra-morbus, abandonné aux seules ressources de la nature est presque toujours mortel, en face des secours de l'art, s'ils sont prodigués à temps et à propos, le médecin combat souvent avec avantage, le fléau qui désole le monde.

O nature! prodigue ou avare de tes dons, tu nous caches tes secrets! tu nous verses à pleines mains tes ressources pour combattre les maladies les plus légères, et tu nous laisses désarmés pour lutter contre le plus redoutable fléau qui puisse affliger le vieux-monde!!

A l'œuvre confrères! du courage, le temps n'est plus à nous! Ce ne sera pas le médecin le plus savant qui guérira le plus de cholériques, mais celui qui aura de meilleurs jambes pour courir sus pour l'étouffer à sa naissance ; et si elles nous font défaut, bien qu'il doive ne nous en revenir que des fatigues, faisons encore ce sacrifice à l'humanité ; louons une *carriole;* une bonne conscience et Dieu seront notre récompense. N'est-ce pas nous, médecins des campagnes, qui faisons en tous temps les frais des grandes épidémies qui attaquent plus particulièrement les classes misérables auxquelles nous ne pouvons demander d'honoraires ; cela pour raison que vous devinez ; ils ne nous paient pas même en reconnaissance !

En présence des tristes résultats de la thérapeutique mise en usage jusqu'à présent contre cet indomptable fléau, si la théorie nous fait défaut ; c'est non-seulement dans l'ensemble des moyens qu'elle nous fournit, et dont l'efficacité a déjà été signalée, que les praticiens doivent rechercher des agents de traitement, mais encore dans les inspirations de leur expérience pratique.

Est-ce trop pour combattre l'hydre qui se promène de royaume en royaume et en dévore les populations que de lui opposer le Fer et le Poison ? Encore n'est-ce que dans sa jeunesse que nous pouvons espérer lutter avec avantage contre lui ; quand il aura grandi il sera indomptable. On caresse le lionceau au lit de sa mère ; plus tard il nous dévorerait.

Armé de mes lancettes, d'une fiole d'opium, et une d'élixir de Thielmann, aidé des accessoires que la nature répand autour de nous, je me présente hardiment au combat, mes armes m'ont rarement manqué.

Saignée. Pour justifier l'action bienfaisante de la saignée, même comme mesure de précaution sur ceux qui vivent au milieu d'un foyer d'infection, mais particulièrement dès l'abord de la maladie, il ne me sera pas difficile de trouver des autorités compétentes. Annesley, qui a vu naître la maladie, à qui les symptômes prodromiques n'avaient point échappé et sur l'importance desquels il a tant insisté, plaçait la saignée au premier rang pour combattre le fléau, et ce moyen était un de ceux sur l'efficacité desquels les avis et les opinions des médecins de l'Inde étaient le plus d'accord. « Lorsqu'un malade arrive, dit ce grand médecin, je lui fais pratiquer immédiatement une saignée » mais c'est presque exclusivement dès la période d'imminence, dès le principe de la maladie qu'elle est indiquée. Il n'est pas rare cependant de trouver des médecins qui proclament les bons effets de la saignée à presque toutes les époques de la maladie. Ces praticiens facilitent la sortie du sang de la veine, quand il s'en exprime avec peine, soit en plongeant le bras dans de l'eau bien chaude, soit en pratiquant sur cette extrémité supérieure des frictions sèches ou aromatiques, ou bien encore en plongeant le bras dans un bain partiel d'eau fortement sinapisée. Milwood a vu que, sur quatre-vingt-huit malades saignés à temps, deux seulement sont morts ; tandis qu'il en a perdu huit sur douze parmi les malades qui n'avaient pas été saignés.

Entrons en Europe pour reconnaître la pratique des médecins russes et polonais. Koehler, la recommande pour s'opposer à la tendance qu'a le sang à se porter vers le cœur et les gros vaisseaux ; c'est la méthode de Janikowski, d'Enoch et de Kaczkowski, médecin en chef des armées polonaises et tous lui associaient l'opium et les aromatiques.

Comment agissaient nos intrépides français en Pologne ? Le docteur Foy, qui ne parle nullement de la saignée dans son dernier ouvrage, écrivait à Bally : quand le pouls se relève après la saignée, il y a de grandes chances de guérison. Brière dit : si le choléra venait à atteindre quelque membre de notre famille ou toute autre personne confiée à nos soins, nous commencerions à faire appliquer un bon nombre de sangsues, et même par une saignée, si le sujet était fort. Qu'ont fait les médecins de l'Hôtel-Dieu, de la Pitié, etc. aussi bien que ceux de la ville? Ces médecins qui pratiquaient la saignée n'étaient pas tous dominés par l'auteur de la médecine physiologique ; beaucoup parmi eux étaient ses adversaires les plus acharnés ; guérissaient-on moins? La médecine qui s'est enrichie de tant de découvertes utiles depuis dix-huit ans, est, il faut le dire, restée stationnaire, si elle n'a pas été rétrograde sur le choléra. Le seul pas qu'elle ait fait en avant, c'est l'expérience acquise en 1832, de la préexistence de la diarrhée, comme symptôme prodromique du choléra, qu'on avait presque généralement méconnue et dont nous devons, sinon, la découverte, à M. J. Guérin ; mais il l'a au moins vulgarisée et fait connaître toute l'importance pratique.

Malgré l'abandon dans lequel on veut laisser la saignée dans les écrits, mais qu'on pratique, nous trouvons encore de nos jours d'honorables capacités qui lui sont restées fidèles. M. Willemin, a observé en Egypte, qu'une saignée pratiquée dans la périodre prodromique, si on pouvait la saisir, produisait en général de bons effets.

Estienne constate à Alexandrie que l'opium, le riz, etc. secondés presque toujours par les sangsues, et souvent par la saignée générale, ont suffi pour enrayer les atteintes du choléra.

Le docteur Meunier, qui a vu sept épidémies dans une des provinces méridionales de la Russie, conseille également la saignée, autant qu'elle est praticable.

M. Sandras, de l'hôpital Beaujon, a fait au sujet de la

saignée une remarque qui ne manque pas d'importance ; c'est que, au début, elle a toujours pour résultat de soulager le malade et de relever le pouls.

Le médecin, à la grande expérience, Huffeland, ne la conseille-t-il pas aussi?

M. Vander-Hoeven a remarqué pendant l'épidémie qui a régné à Leyde, qu'une petite saignée faite pendant la durée des prodromes a paru avoir des avantages réels.

M. J. Guérin, à qui nous devons la remarque de la diarrhée prodromique, connaissance bien plus importante pour arrêter la propagation du mal, que toutes les mesures sanitaires, ne dit-il pas..........................
En outre, on cherchera à désemplir le système circulatoire par la saignée du bras.

Mais pourquoi aller chercher ailleurs des autorités qui consacrent l'efficacité de la saignée faite le plus près possible du début des accidents? Soit même comme moyen préventif, quand vous même en bénissez la merveilleuse influence et que tout autour de vous vous démontre la presque infaillibilité de ce moyen aujourd'hui si dédaigné? En est-il une plus puissante et qui vous parlera mieux que les faits qui se sont passés sous vos yeux ; ce n'est cependant que la répétition de ce que j'ai fait en 1832. Bien que le souvenir d'un bienfait passe plus vite qu'une rancune, il en est encore beaucoup dans la commune qui se souviennent devoir la vie à la saignée. Reportez-vous à une date plus récente, en février 1849, à la première invasion de l'épidémie au *Prussien*, ai-je fait autre chose que ce que je fais, ici, à l'heure où nous sommes ; la saignée était pour moi le moyen par excellence.

Vous, mes chers collègues, je sais que vous souriez quand on vous parle que je saigne les cholériques ; c'est qu'on ne vous dit pas contre quelle période de la maladie je la mets en usage. C'est seulement à la période diarrhéïque et contre les troubles de l'économie qui souvent la devance que je m'en sers. Ne serait-ce que pour calmer les terreurs qui assiégent les personnes vivant aux alentours des foyers épidémiques, car tout le monde a observé qu'elle avait une puissance remarquable pour atténuer le mal, à ce point que je ne mets point en doute, qu'elle a beaucoup contribué à arrêter la propagation du fléau. N'est-il pas une vérité de tous les temps, qu'au milieu des épidémies, il est prudent, il est d'un médecin habile, pour prévenir les maladies, de mettre en usage dans leur début analogue, les remèdes qu'il emploie avec succès dans leur état plus avancé; et celle dont nous parlons est d'autant plus curable qu'elle est attaquée convenablement avant même que tous les symptômes se soient développés. Oh! dans ce cas, contre le choléra confirmé, vous, comme moi, nous sommes bien forcés de nous en abstenir, parce qu'elle est souvent impossible, néanmoins, je n'ai pas eu lieu de me repentir de l'avoir tentée quelquefois.

Dans ce temps de la maladie, nous ne ressemblons pas mal à ces preux chevaliers, qui assistaient la lance au pied, quoiqu'impatients de combattre, au tournois qui se vidait entre deux champions. N'est-ce pas là la pensée du docteur Worms, exprimée dans sa lettre à la Gazette médicale et reproduite dans l'Abeille. » L'état algide ou cyanotique est pour moi l'expression de l'empoisonnement miasmatique accompli, et je dois dire que, d'après ce que j'ai vu, je suis convaincu que dans cette forme de l'affection épidémique le salut du malade dépend beaucoup plus du degré d'intensité du poison, et de la résistance vitale, que de l'aide du médecin. De deux choses l'une, ou le poison a atteint la vie de manière à l'anéantir entièrement, et alors les médicaments agissent, ou plutôt *n'agissent* pas sur le corps devenu inerte et insensible, ou bien il reste au foyer de la vie, une étincelle qui se rallume d'elle-même ou dont l'expansion n'est que favorisée et développée par la médication. Si donc l'allopathie, l'homéopathie et l'hydrothérapie, ne nous fournissent pas de moyens plus certains l'une que l'autre, faisons-nous autre chose que de l'expectation ? Peut-on raisonnablement compter sur quelques gouttes d'eau froide pour réchauffer l'intérieur d'un corps glacé, comme de ranimer l'extérieur en brûlant la peau qui ne réagit plus? Déployons donc tous nos efforts contre la période prodromique.

Si j'en crois les relations qui me sont faites, plusieurs de mes confrères, désespérés du peu de succès qu'ils obtiennent s'ils laissent courir la maladie, ont fait un retour bien favorable en faveur des émissions sanguines appliquées aux prodromes; ils ont entendu mon cri, saignez... saignez pour empêcher l'engorgement des grands centres de la vie : et tout en voulant la bannir théoriquement, ils les emploient, en cachette, comme entraînés, dans la pratique.

Je sais bien que la saignée admise, même dès le début du choléra, par ceux qui l'adoptent, ne l'est qu'à la condition d'une constitution jeune ou d'une complexion robuste. Mais avons-nous des indices assez certains pour mesurer la capacité de chaque individu à supporter la saignée? Il nous arrive bien souvent dans l'exercice de la faire à contre-cœur, cédant aux instantes sollicitations des malades, et ses effets n'en sont pas moins remarquables. Je prends un exemple entre tant d'autres : vous connaissez la femme *Tahtune*; nommez-m'en une qui soit plus maladive, plus faible, plus mal nourrie; elle est prise d'une cholérine avec selles blanches, la saignée l'arrête court. Un écart de régime la ramène deux jours après, répétition de la saignée, même succès. Elle n'était pas encore assez apprise, une deuxième infraction au régime prescrit l'y fait retomber ; je répète une troisième fois la saignée et mon audace est couronnée du même succès. Comme pour venir attester la nature intime de la maladie que je viens de combatttre, son mari dont l'état de santé n'est pas meilleur est lui-même atteint par deux fois de la même affection, et deux fois la maladie cède sous la saignée ; leur fille elle-même n'en est pas exempte ; pour cette fois je n'ai plus employé la saignée. C'était même une rechute à une première attaque assez grave. E. Sandra a eu quatre-vingts selles dans la journée ; je le saigne à sept heures du soir, une dernière évacuation a lieu en ma présence ; la diarrhée était coupée court. Combien d'autres, qui n'étaient pas dans une meilleure position, ont ils été saignés !

Etais-je à Raismes dans des conditions exceptionnelles ? La maladie avait-elle, ici, un autre caractère que partout ailleurs ? Etait-ce la forme phlegmasique ou inflammatoire admise par plusieurs auteurs ; entre autres par le professeur Chomel, un de mes honorables maîtres, et qu'il traite comme telle, par les anti-phlogistiques ? Tout le monde sait que la maladie peut varier sous certaines influences, que les temps, les localités et d'autres circonstances imprévues peuvent lui donner une forme spéciale ; ce qui fait concevoir pourquoi telle méthode de traitement qui a réussi dans un temps ou dans un lieu, a besoin à une autre époque d'être modifiée, sinon changée.

Tous ceux qui reconnaissent une période prodromique ont déjà pressenti le secret des succès obtenus par les évacuations sanguines générales. C'est, je le dis encore, que je les fais de bonne heure. Aussi j'ai posé cet axiome comme règle de conduite du médecin qui veut être supérieur au choléra. *Il faut se lever matin, se coucher tard et souvent pas du tout.*

Presque tous les habitants étaient prévenus contre les avant-coureurs de la maladie. Outre les instructions que j'avais fait afficher, et, depuis, pendant que tant d'autres *clubaient* pour les blancs, les rouges ou les bleus, je *clubais* dans mon cabinet contre le choléra, et fort de ce que j'avais amassé, je n'ai pas craint de me faire orateur dans les cabarets pour avertir mes concitoyens de l'importance de combattre ces symptômes avant-coureurs, le plus près possible du début. Sans crainte d'être prolixe et de paraître bavard, je leur ai répété ces vérités jusqu'à satiété, et sous toutes les formes, comme je le fais dans cet ouvrage. Pensez-vous pour cela que tous ont écouté mes avertissements? il en est de ces malheureux qui m'accusaient de faire de la *terreur*, et parmi ceux-là quelques-uns ont payé de leur vie d'avoir méprisé mes conseils; car tous ceux que j'ai vus mourir portaient une diarrhée négligée, et je ne suis arrivé chez la plupart d'entre eux qu'à la période cyanique.

Mais quelle rude mission je m'étais préparée, d'autant plus pénible que la maladie, débutant presque toujours la nuit, c'est aussi presque toujours à cette époque qu'on est appelé. Pourtant j'ai voulu être conséquent; seul de médecin pour une nombreuse population et pour les alentours, j'ai essayé de la remplir; jugez-moi! Aussi, depuis que le choléra s'est déclaré dans mon village, je n'ai pas eu de cesse. Après cette explication, les résultats heureux que j'ai obtenus ne doivent plus étonner ceux qui admettent que le choléra est très souvent curable à l'état de cholérine.

J'en appelle à une population de près de 4,000 habitants; à celle des communes voisines, qui m'ont connu à l'œuvre en 1832, et où cette fois le choléra n'a encore fait que de s'annoncer; à quelques-uns de mes confrères qui ont adopté la saignée; je le dis hautement, je l'écris pour provoquer un démenti : depuis le commencement de l'épidémie, dans les premiers temps surtout, et dans la plus grande majorité des cas, une diarrhée née, ou naissant sous son influence, même avec vomissements et commencement de crampes, n'a résisté à la saignée ; j'étais si rassuré sur son effet, quand j'étais appelé à temps, que j'allais me reposer tranquille, en avertissant néanmoins de venir me rappeller, si l'on n'allait pas mieux ; je mettais comme je disais la *diarrhée dans ma poche*, et je n'ai eu défaut que rarement, par des rechutes occasionnées par la négligence d'observer le régime. Plus tard quelques-unes résistaient un peu plus ; elles n'étaient qu'enrayées ; mais j'en avais justice dans la journée ou le lendemain, en lui associant les lavements laudanisés, et quelques gouttes de l'élixir de Thielmann ; chez d'autres, en petit nombre, elle ne fut que jugulée, mais la maladie, quoique passée à l'état confirmé, fut bien plus bénigne, ou plutôt sa marche était moins rapide ; elle ne tuait pas sur le coup ; la circulation se maintenait plus régulière ; la réfrigération était moins intense et de plus courte durée ; au moins, n'ai-je rencontré, pendant le cours de l'épidémie, que quelques congestions consécutives. Conséquemment j'ai perdu peu de malades, proportionnellement : encore était-ce par des accidents dont on pouvait prévoir l'issue : rechutes, état de gestation et d'accouchement ; on sait que la coïncidence du choléra, avec une grossesse et ses suites, est une chose grave. Sauf ces cas exceptionnels je pose en thèse générale pour ma localité :

*Parmi les personnes qui ont été saignées par précaution, peu ont eu la cholérine.*

*Peu de cholérines traitées par la saignée, ont passé à l'état vraiment confirmé. Et peu de cholériques que j'ai vus mourir, ont pu être saignés.*

*Raismois*, vous devez vous rappeler que je vous ai dit que le choléra s'annonçait par deux ordres de symptômes : les uns, consistant en une aberration du système nerveux, que j'ai nommée *influence*, les autres, par la *cholérine*.

*Influencés*, *cholérinés* et *cholériques* qui avez sauté la tombe! comptez-vous ; la moitié au moins des habitants ont ressenti, à divers degrés, les atteintes de la maladie. Si je m'en rapporte au nombre des saignées que j'ai faites, vous avez été par centaines ; encore n'étais-je pas là *seul de saigneur ;* l'aide des accoucheuses m'a été fort utile, je n'y pouvais suffire ; bien entendu que je n'insistais pas moins avec persévérance, quand les cas l'exigeaient, sur les moyens accessoires, appropriés à chaque phase.

L'instinct de la conservation guide si bien les habitants, qu'aujourd'hui comme en 1832, tout le monde se fait saigner. Il n'est plus pour eux d'indispositions, ni de maladies qui ne réclament ce moyen. Avant comme après être attaqué on n'oserait prendre sous sa responsabilité de la leur refuser. Ils ont vu, ils disent : la plupart de ceux qui sont morts n'ont point été soumis à la lancette ; donc pour échapper il faut se faire tirer du sang.

Mais, me dira-t-on, était-ce bien l'invasion du Choléra-morbus qui a été combattue aussi promptement par l'antiphlogistique par excellence? Ce n'était sans doute, qu'une simple cholérine? Eh! que m'importe ; puisque la cholérine mène au choléra ; qu'elle a le même aspect sur ceux qui échappent, comme sur ceux qui passent à l'état déclaré ; comme il est impossible de prouver que les cholérines arrêtées ne seraient pas devenues des choléras, on ne peut pas dire que le sujet n'était pas une victime vouée au fléau destructeur. Dans le doute on ne doit pas se fier à l'incertitude. PRÉVENIR, C'EST GUÉRIR.

Il ne faut pas croire pour cela que je faisais la saignée systématiquement et dans tous les cas; j'ai reconnu des diarrhées si simples qu'elles n'en méritaient pas les honneurs; et, en médecin consciencieux, je sais qu'il y a des contre-indications bien marquées; mais il faut être au lit du malade et avoir l'œil du médecin pour les reconnaître.

Dans le cas où l'on adopterait la saignée, je conseille d'ouvrir largement la veine, même pendant la période de cholérine; déjà alors le sang est si plastique qu'il a de la peine à couler au commencement; et ce n'est qu'après un certain temps qu'il devient plus rouge et plus fluide; sa manière de couler, son jet plus ou moins rapide, sa couleur plus ou moins vermeille, sa consistance plus ou moins épaisse, m'ont souvent donné les indices de son résultat probable. Brave-t-il? Souvent, le cas est fâcheux.

Je me serais bien gardé de me préoccuper du mode d'action de la saignée si, comme le charlatan ignorant qui agit sans discernement, le médecin consciencieux pouvait se passer d'une théorie physiologique, bonne ou mauvaise, pour expliquer la manière d'agir des moyens qu'il met en usage. La saignée agit-elle comme anti-spasmodique diffusible? A cette période de la maladie l'émission sanguine, tend-elle à rétablir l'équilibre de la circulation extérieure, qui, sans cela, abandonne la périphérie pour se concentrer vers les organes intérieurs? Agit-elle à titre de révulsif? ou bien entraîne-t-elle l'agent toxique qui circule dans les veines, et produit directement l'altération du sang?

Pour moi, l'effet de la saignée générale, à cette époque, est d'agir brusquement sur la masse du sang qui parcourt tous les viscères, de diminuer la masse de ce fluide, dont la surabondance fixée dans les principaux organes donne lieu à des accidents si graves. Et si le trouble de la circulation et de l'hématose est un des caractères propres au choléra, n'est-on pas fondé à penser que la saignée, en dégorgeant l'arbre circulatoire, en diminue la gêne, ainsi que l'oppression des viscères, favorise leurs efforts vers la périphérie, prépare et suffit quelquefois seule, pour déterminer d'une manière certaine la réaction.

Sangsues. Pour ne pas être trop exclusif, on donnera la préférence aux sangsues, lorsqu'on aura affaire à des vieillards, à des enfants, à des individus d'une constitution débile, altérée par des maladies antérieures. En tout autre cas, je n'ai pas eu de succès bien appréciables des émissions sanguines locales pratiquées, soit à l'anus, au bas ventre, ou à l'épigastre, que l'on conseille, selon qu'il y a prédominance des déjections alvines ou des vomissements. D'ailleurs, surtout à la campagne, on n'a pas toujours sous la main la quantité de sangsues qu'il faudrait appliquer ; le temps presse, leur action est lente ; elles sont rares, très chères et souvent mauvaises ; on a affaire, dans la majorité des cas, à des malheureux ; tandis qu'on a toujours une lancette dans sa poche. En supposant même qu'on trouve quelqu'un pour les appliquer, ce qui n'est pas toujours vrai, elles peuvent à peine soutirer quelques gouttes d'un sang noir et poisseux ; elles se gorgent peu, meurent souvent sur place et rien ne coule après la chute, vu l'état de suspension de la circulation périphérique.

Opium. Oh l'opium ! C'est une arme terrible qu'on ne doit, en temps ordinaire, manier qu'avec réserve, mais qui s'émousse contre le choléra. Il a partagé dans le traitement de cette affection, depuis les premiers temps, avec la saignée, le rang suprême, dont les *évacuonistes,* veulent le faire déchoir ; mais ses détracteurs, peu nombreux, trouvent peu d'adeptes ; en effet, oserait-on engager sa responsabilité, dans un village surtout, où toute la population a l'œil sur le médecin, en provoquant une perturbation dans le canal intestinal, quand déjà elle est si grande ?

L'opium conserve donc encore de nombreux adhérents et tous s'accordent que, pour qu'il soit utile, il doit être administré à forte dose, soit d'un seul coup, soit mieux encore à doses fractionnées et très rapprochées ; encore n'est-il réellement utile qu'au début des accidents, c'est-à-dire à une époque où l'absorption n'est pas encore complètement enrayée, et les forces vitales déprimées, comme elles le seront plus tard. Il ne faut donc point abuser de l'étonnante capacité qu'a l'économie à supporter des doses énormes de ce médicament. D'un côté, avons-nous dit, l'absorption est plus ou moins complètement enrayée, tandis que la sécrétion est singulièrement exagérée ; de l'autre, les vomissements et la diarrhée opposent un obstacle souvent insurmontable à l'action de nos remèdes ; il en résulte qu'ils sont rejetés sans y avoir subi de modifications. Ils glissent, dit Bailly, comme sur des surfaces de marbre ou d'acier poli, et l'on ne peut faire parvenir dans la circulation les principes actifs des médicaments ; il ne faut pourtant pas se fier sur l'inocuité apparente de l'opium ; s'il s'en était niché quelques parcelles dans les replis de la muqueuse et que l'absorption se réveillât à l'époque de la réaction, les opiacés, restés en repos pendant la période algide, peuvent devenir de véritables poisons et il peut en résulter de grands désordres cérébraux consécutifs, si l'on n'en a pas mesuré l'emploi.

C'est avec ce raisonnement que l'on combat la méthode préconisée par M. Baudrimont : l'administration du bicarbonate de soude. C'est que les organes digestifs, qui secrètent eux-mêmes en abondance des liquides alcalins, refusent d'absorber une solution également alcaline, et en conséquence, le résultat est nul.

L'opium agit comme un puissant sédatif, calme les agitations, les crampes, les vomissements et la diarrhée dont il est en quelque sorte le spécifique.

On l'administre par la bouche ou en lavement, suivant que l'une ou l'autre de ces deux voies est plus intacte et mieux en état d'assurer l'efficacité du remède ; mieux serait encore de le donner par les deux voies à la fois, si cela était possible. Dans le cas où il serait impossible d'administrer l'opium de l'une ou de l'autre manière, on doit essayer de la méthode endermique.

C'est presque toujours à la préparation opiacée de Sydenham qu'est donnée la préférence ; on sait que, dans cette composition, l'opium se trouve associé à des spiritueux et à des substances aromatiques, ce qui explique la différence des résultats qu'on obtient avec l'extrait d'opium et de laudanum administré séparémement.

*Elixir*. M. le docteur Thielmann, médecin en chef de l'hôpital St.-Pierre et St.-Paul, à Saint-Pétersbourg, conseille, au moment de l'épidémie, à toutes les personnes confiées à ses soins, d'avoir immédiatement sous la main un remède contre les premiers symptômes, avant qu'il soit possible de trouver du secours. Il a obtenu de très favorables résultats de la préparation suivante :

| | | |
|---|---|---|
| Vin d'ipécacuanha....... } Essence de Menthe poivrée } | 8 | grammes. |
| Teinture d'Opium safrané...... | 4 | id. |
| Teinture éthérée de Valériane... | 15 | id. |

M. S. A.

A prendre 15 gouttes toutes les deux ou trois heures jusqu'à la disparition des symptômes. Quelques doses sont généralement suffisantes. Voici dans quels cas on doit y avoir recours :

1° contre les borborygmes ;

2o Contre les douleurs nerveuses et les crampes. On donne toutes les deux à trois heures, de 20 à 30 gouttes aux grandes personnes, et de 3 à 15 aux enfants, jusqu'à disparition des symptômes.

3o Contre les diarrhées, après chaque évacuation, dans les doses mentionnées au n° 2, jusqu'à extinction.

Ce médicament a pour effet d'écarter les innombrables petites incommodités nerveuses qui se manifestent presque généralement dans les temps d'épidémies cholériques, ainsi que les fréquentes diarrhées déterminées par l'inquiétude. Le malade doit, en le prenant, rester au lit; il se déclare alors une transpiration abondante qui juge l'indisposition.

Ce remède ne résume-t-il pas à lui seul, tous les spécifiques qui ont été préconisés contre le choléra? ipéca, éther, menthe, opium, valériane. A moins que la chimie ne vienne y trouver des incompatibilités, je trouve que ce remède peut être non seulement très avantageux, mais encore très applicable aux cas pour lesquels nous l'indiquons. Si l'expérience et les essais que j'ai faits sur moi-même de ce médicament, peuvent être de quelque poids, pour appuyer les paroles d'un grand médecin, je dirai, oui, en mon âme et conscience, il possède, administré avec discernement, la propriété qu'il lui a assigné. Depuis six mois que j'en conseille l'usage et que j'en ai fait déposer chez tous les *chefs-porions* et *porions* de l'établissement de Vicoigne, sous le nom de Bouteille n° 2; c'est une drogue indispensable; chaque soir ou chaque matin, ou à la moindre indisposition, on va prendre le petit verre d'élixir, ou bien chacun en a chez soi une petite portion. Je l'ai encore répandu à Raismes et dans les communes voisines, et il n'est personne qui, après en avoir pris une dose, ne dise: Ah! que ça fait du bien! je me sens respirer quand tout-à-l'heure j'étais oppressé ! Je conseille à celui qui n'en a pas fait usage de l'essayer : c'est le régulateur de mes selles ; soit par la fatigue, ou, comme tout le monde sous l'influence de l'épidémie ; ai-je un ramollissement, des borborygmes, etc., vite j'en prends 15 à 20 gouttes dans un petit verre d'eau sucrée, et c'en est fait pour 24 heures. Il y a pourtant des mesures à prendre, des contre-indications qui n'en permettent pas l'usage. Si la langue est rouge, pointue, pointillée sur les bords, etc., c'est qu'il y a du feu dans la machine. Oh ! alors, il peut devenir une cause déterminente, et, vraie étincelle électrique, donner lieu à une explosion terrible.

## MÉDICATION APPLIQUÉE A CHAQUE FORME.

Sans avoir la prétention de pouvoir réhabiliter et de faire accepter la saignée, pratiquée le plus promptement et le plus près possible du moment de l'invasion, j'appelle ceux qui ne seront pas convaincus, à reprendre l'expérimentation de ce moyen qui m'a servi dans la grande majorité des cas, pour arrêter les avants-coureurs du choléra. Il me reste à vous dire actuellement quel est le traitement employé par la pluralité des praticiens. Ma tâche devient facile pour mettre chaque individu à même d'appliquer les premiers remèdes avant l'arrivée du médecin ; je n'ai besoin que de commenter les principes si claires et si concis que nous ont donnés les maîtres de la science. J'ai l'espoir que cet enseignement étant mieux compris et plus répandu, chaque individu, plus soucieux des intérêts de sa santé, mettra plus de sollicitude à s'administrer ces premiers remèdes ; et, en allégeant d'autant nos pénibles fonctions, j'ai la conviction que désormais bien des victimes échapperont à la mort à laquelle ils étaient vouées si l'on avait négligé d'enrayer le développement des préludes de la maladie. C'est une vérité qu'on ne peut mettre en doute : guérir un malade, c'est [en sauver plusieurs. Le proverbe *plus de morts moins de malades* est aujourd'hui renversé ; c'est *plus de morts plus de malades;* car si, dans ce temps de deuil, les passions déprimantes se mettent de la partie ; on ne peut prévoir où s'arrêtera la déroute.

PREMIÈRE PÉRIODE.

*Influence.*

1re forme, *nerveuse*, qu'on pourrait aussi appeler forme de la PEUR.

Le malade devra immédiatement quitter toute occupation; éviter le froid, l'humidité ; se vêtir chaudement ; porter une grande attention sur la nature de ses aliments ; en restreindre beaucoup la quantité, ou même s'en abstenir complètement selon l'urgence, malgré le sentiment de la faim. Pour boisson, il prendra toutes les demi-heures, une demi-tasse d'une infusion légère et chaude de tilleul, de feuilles d'oranger, de menthe poivrée sèche, de mélisse, de sauge, d'hysope, de camomille : P. une ou deux pincées de ces plantes aromatiques pour un litre d'eau bouillante ; elles seront agréablement édulcorées avec du sucre ou mieux du sirop de gomme ou d'oranges, etc. Il prendra un bain de pieds, soit d'eau pure, alors il faut qu'il soit à un degré de chaleur, tel que les pieds n'y restent qu'avec peine, et qu'ils ressentent une chaleur désagréable ; on aura soin de réchauffer un peu l'eau de moment en moment ; on n'y demeurera que de 10 à 15 minutes, et on essuiera les pieds avec un linge chaud. On ajoute le plus ordinairement des substances excitantes diverses à l'eau de ces pédiluves ; le plus généralement c'est le sel de cuisine, la moutarde, le vinaigre ou des cendres de bois. Lorsque c'est du sel on en fait dissoudre une ou deux bonnes poignées, selon la quantité d'eau du bain, qui est généralement de six à huit litres, si l'on ne s'y plonge que jusqu'à mi-jambe. Si c'est de la farine de moutarde, il en faut environ de quatre à huit onces, et un peu plus si c'est de la préparation culinaire; ou bien on applique à nu et en forme de bottines au bas des jambes et autour des pieds, des cataplasmes très-chauds. On assure le succès du traitement en administrant toutes les deux heures, de la potion anti-spasmodique suivante, que j'appelle, pour me faire comprendre des ouvriers des mines de Vicoigne :

POTION No 1.

| | | |
|---|---|---|
| Eau distillée de Menthe...... | 90 | grammes. |
| Id. de fleurs d'oranger | 30 | id. |
| Essence de Menthe.......... | 6 | gouttes. |
| Laudanum liquide de syd.... | 15 | id. |
| Ether sulfurique............ | 4 | grammes. |
| Sirop de gomme............ | 30 | id. |

M. S. A.

Si je me sers plus volontiers de l'élixir de Thielmann (potion n° 2,) que de tout autre calmant, c'est, qu'éloigné des pharmaciens, j'ai toute préparée, dans ma poche, une liqueur qu'il me suffit de mélanger avec un véhicule quelconque, pour avoir une potion anti-spasmodique. Mais le meilleur de tous les anti-spasmodiques, pour calmer les vives émotions de l'âme, s'il était au pouvoir du médecin d'en persuader la puissance à ses malades; c'est de tranquilliser l'esprit des souffrances de l'imagination.

2me FORME. *Intestinale.* Abstinence, ou au moins diète qui consistera en une légère soupe ou panade; un riz au gras, un bouillon de veau léger auquel on ajoutera quelques cuillerées de riz et d'œufs à la coque, etc., on les supprimera même tout-à-fait, s'il y a du dégoût ou défaut d'appétit.

Repos au lit ou au moins à la chambre; les malades doivent boire d'une infusion chaude, légèrement sudorifique, de feuilles de menthe poivrée, camomille, Tilleul, sureau, etc., ou quelques tasses d'eau de riz avec addition de gomme arabique, et on les continuera jusqu'à ce que les selles deviennent consistantes. On prendra des quarts de lavement avec de l'eau de riz ou de l'eau blanchie par l'amidon, auquel on ajoutera une demi-tête de pavot, ou 4 à 10 gouttes de laudanum ou deux grammes de diascordium. Ces petits lavements, d'une température douce, seront répétés plus ou moins souvent, suivant que le dévoiement sera lui-même plus ou moins fréquent. Si la diarrhée est accompagnée de coliques, on appliquera un cataplasme émollient sur le ventre. Bain de jambes chaud, avec addition de sel, savon ou farine de moutarde; fréquemment l'élixir de Thielmann fait disparaître cet état après une ou deux prises.

3me FORME. *Imminence*. Cette forme revêt parfois un cachet de spécialité digne de fixer l'attention du médecin par la soudaineté de son début. Si, par les moyens appropriés, on n'apporte pas remède aux premiers phénomènes, les malades tombent comme assommés, avec des symptômes de congestion cérébrale très intense, et meurent après avoir offert quelques symptômes concomitants du choléra; mais aussi si ces secours sont immédiats, ils se rétablissent comme par enchantement. Le docteur Boissereau, médecin à Jassy, où cette forme a été commune, cite l'exemple d'un cocher qui tombe tout-à-coup par terre, saisi de vertiges; arrivé près de lui, dix minutes après l'invasion des premiers symptômes, il lui fait une large saignée du bras. A peine le sang a-t-il cessé de couler, que cet homme se lève ; une heure après il reconduisait son maître chez lui, et à midi il dînait du meilleur appétit. On voit qu'ici la saignée est toute puissante. L'indication de la saignée était si pressante, que les médecins furent obligés de permettre aux barbiers de la pratiquer sans ordonnance du médecin, sur la simple réquisition du malade. On secondera son effet par l'élixir de Thielmann ou bien par la potion n° 1.

On fera prendre les bains de pieds comme pour la première forme ou un bain de mains (manuluve), pendant un quart d'heure ou vingt minutes, dans une cuvette, avec de l'eau très chaude, un verre de vinaigre et trois cents grammes de farine de moutarde ; en un mot on renforcera le traitement qui a été recommandé pour la forme nerveuse dont elle n'est que l'exagération. Si le malade est robuste, et à plus forte raison s'il est pléthorique, la saignée pourrra être utilement répétée après un court intervalle ; dans des conditions opposées, on prescrira, soit un bain tiède, soit des affusions d'eau chaude, suivis de frictions avec une flanelle chauffée ; repos au lit, l'usage d'une boisson diaphorétique, telle que thé, menthe, etc., et tous les moyens propres à favoriser la transpiration.

### DEUXIÈME PÉRIODE.

*Cholérine ou Choléra possible.* Dans cette période d'incubation ou de diarrhée, dont la bénignité perfide trompe tant d'individus qui continuent leur genre de vie habituelle ; la première indication consiste à se rendre maître des évacuations qui dépriment si vite le malade, et à empêcher la stase dans les divers organes ; il importe surtout dans cette phase de ne pas laisser affaiblir ni désaccorder les forces vitales ; pourtant, à moins que les sécrétions gastro-intestinales ne soient excessives, on ne doit point s'empresser de faire cesser trop subitement les déjections alvines, qui peuvent être utiles, jusqu'à un certain point, en ce qu'elles saignent l'engorgement capillaire de la surface intestinale. C'est pour prévenir ou détourner l'afflux vers l'intérieur, du sang tout-à-l'heure hétérogène, sang qui, par sa présence, comme masse, obstrue, comprime et tend à donner la mort aux principaux foyers de la vie, que j'emploie la phlébotomie, qui a pour effet salutaire de répartir ce fluide, dans des proportions mieux appropriées aux besoins de la vie. Il va sans dire que j'ai recours, dans cette période, aux moyens indiqués par la majorité des praticiens.

*Diète complète, sévère, repos absolu* dans un lit chaud, suffisamment couvert, dans le but d'exciter la transpiration. Pour boissons, qui ne devront jamais être données en abondance, on fera prendre à la température qui flattera, soit de l'eau panée, la décoction blanche de syd., de l'eau de riz plus ou moins épaisse : Pr. une demi once à deux onces pour un litre d'eau ; de l'eau de salep ou de l'eau de gomme : Pr. demi-once à une once pour un litre, soit une décoction de racines de grande consoude. Ces boissons seront édulcorées avec un sirop astringent, tel que celui de Coings, ou tout simplement avec celui de gomme arabique ou du sucre blanc. Si le malade appète des acides, l'eau de riz etc. avec de la groseille convient beaucoup, ainsi qu'une limonade ou une orangeade légère, préparée en suivant l'instinct du malade ; mais il faut se défier des liqueurs fermentées : vin, bière, cidre.

On combattra encore la diarrhée en faisant administrer deux ou trois fois par jour, même toutes les deux heures, et plus souvent, si la fréquence des déjections le rend nécessaire, des demi ou des quarts de lavements tièdes, avec de l'eau de riz, de l'eau amidonnée ou de l'eau de son, laudanisées ; il vaut mieux, si le malade ne pouvait pas les garder, en donner un second ou même un troisième, que de donner en une fois un lavement entier, qui serait difficilement supporté. Voici la formule de quelques lavements.

*Lavement de son.* Son, demi-poignée. Eau un kilog., faites bouillir jusqu'à réduction de moitié ; on peut ajouter à la colature un ou deux jaunes d'œufs frais et même la partie albumineuse ou le blanc.

*Lavement d'amidon.* Amidon, une ou deux cuillerées à soupe; Eau, 125 à 250 gram. (*un canon* ) délayez l'amidon, faites bouillir pendant cinq minutes; le plus souvent on se sert de l'eau de riz plutôt que de l'eau commune. A défaut de son ou d'amidon on délayerait les œufs avec de l'eau.

On ajoute à chacun de ces lavements, pour un adulte, 15 grammes de têtes de pavots dont on rejette les graines, ou mieux 3 à 12 gouttes de laudanum de sydenham; ou 2 à 5 gouttes de laudanum de Rousseau ; ce qui fait, au maximum., environ un demi-grain d'opium par lavement.

*Autre formule de Rostan.*

P. Décoction de riz........... 500 grammes.
Amidon.................... 8 id.
Gomme adragant.......... 2 id.
Laudanum liq. syd.......... 20 à 40 gouttes.
Pour quatre lavements.

Si leur emploi n'est suivi d'aucun succès, on pourra les remplacer par ceux de ratanhia ; en voici la formule :

P. Dect : de ratanhia........... 250 grammes.
Extrait de ratanhia.......... 4 id.
Laudanum de Rousseau..... 10 gouttes.
Pour deux lavements.

On pourrait substituer à l'extrait de ratanhia, 1 à 2

grammes de *monésia* ou 4 grammes de *cachou*, etc. mais ce n'est qu'avec prudence qu'on doit employer ces agents.

Il n'est pas toujours au pouvoir du médecin de faire administrer les clystères ; ou, on manque de séringue, ou l'on n'est pas secondé par les personnes qui entourent les cholériques ; parce que l'idée de la contagion effraie, et plus d'une fois j'ai dû y suppléer en donnant l'opium en boisson ; dans une tisanne aromatique, j'ajoute 30 à 60 gouttes de laudanum par 125 grammes de véhicule ; à prendre par cuillerées dans les 24 heures.

On secondera l'effet des lavements, surtout si les douleurs abdominales sont très vives, en faisant appliquer à nu, sur la peau du ventre, un large cataplasme très chaud de farine de graines de lin, préparé avec une décoction de têtes de pavots blancs, sans la graine, ou bien on l'enveloppe dans de la mousseline claire, et on recouvre ce cataplasme, qn'on peut renouveler de quatre heures en quatre heures, d'une flanelle et même de taffetas gommé ; si l'on s'est servi d'eau simple pour le préparer, ce cataplasme sera arrosé avec 20 à 30 gouttes de laudanum de sydenham. Si l'on manque de farine de lin, on la remplacera par du son de blé mêlé avec de la mie de pain, ou avec de l'amidon. Il est bien rare que la diarrhée résiste à ces moyens quand l'influence morbifique n'agit pas au maximum d'intensité.

Quoiqu'en aucun temps je ne sois prodigue de médicaments, et que je n'aie jamais administré ceux-ci, peut-être pourrait-on prescrire une des potions astringentes suivantes.

M. le docteur Depierris propose, comme spécifique de la diarrhée prodromique, cette formule :

| | | | |
|---|---|---|---|
| Prenez : | Eau bouillante.......... | 250 | grammes. |
| | Cachou en poudre........ | 10 | id. |
| | Valériane en poudre..... | 3 | id. |

Faites une infusion, passez et ajoutez :

Laudanum liq. syd...... 6 gouttes.
Ether sulfurique......... 4 id.

Prendre en une seule fois, 125 grammes de cette potion à la température ordinaire, le reste, d'heure en heure, par doses de 10, 20 ou 30 grammes ; continuer pendant cinq ou six jours, même quand les selles sont supprimées.

Si le malade fait un usage abusif de vin, de boissons alcooliques, ou de bières fortes, on voit souvent le nombre des selles diminuer par la formule suivante de *Block*, conjointement, si elles résistent, avec les lavements.

Pr. Gomme arabique. pulv........ 32 grammes.
Racines de Salep . pulv....... 43 id.
Extrait d'Opium............... 10 centigram.
Sirop de menthe............... 125 grammes.
M. F. électuaire.

à prendre en 12 heures, par cuillerées à café.

Si au contraire l'individu est débile, affaibli par la misère, par une alimentation malsaine et insuffisante, par l'abus des plaisirs vénériens, les déjections alvines diminueront sous l'influence de la décoction de Colombo.

Pr. Poudre de racines de Colombo 32 grammes.
Faites bouillir dans eau, Q., S.,
faites réduire à........... 300 id.
Ajoutez :
Eau de cannelle
Sirop de Menthe.......àà..... 64 id.
M. S. A. De Bloek.

à prendre par cuillerées en 12 heures, ou selon l'urgence.

Quand des émotions de l'âme, des secousses nerveuses, en ébranlant l'organisme, ont provoqué la diarrhée, la potion n° 1 ou 2 suffit pour faire disparaître tous les symptômes alarmants.

Lorsque la diarrhée est très intense et incessante, on peut, dit M, chomel, recourir à l'application d'un large vésicatoire sur l'abdomen.

Quand la forme gastro-intestinale et la forme nerveuse sont associées, ce qui a lieu dans bien des cas, on doit faire marcher de front les deux ordres de moyens que nous venons d'exposer, en insistant plus ou moins sur l'un ou sur l'autre, suivant que c'est la forme diarrhéique, ou la forme nerveuse qui prédomine.

### TROISIÈME PÉRIODE.

*Choléra.* En commençant cette instruction, ma pensée n'était pas d'aller au-delà de la période cholérine; mais mes confrères ou moi pouvons être absents quand on vient nous requérir de *venir tout de suite;* il peut se passer plusieurs heures avant que nous puissions arriver près du malade; on ne doit pas cependant l'abandonner aux seuls efforts de la nature. Il est bon qu'on sache, comme pour la période d'incubation, quels sont les premiers soins à administrer; car plus on s'éloigne du début, plus le succès de la médication devient incertain; il est bon encore de connaître quels sont les remèdes qui peuvent être nécessaires, car on ne trouve pas à la campagne comme en ville des pharmaciens vigilants, prêts à servir l'ordonnance; aussi je conseille qu'on se cotise, dans un certain rayon, afin d'avoir sous la main les choses les plus indispensables, telles que :

| | | |
|---|---|---|
| Farine de graines de lin..... | 6 | kilog. |
| Farine de moutarde......... | 2 | id. |
| Laudanum de sydenham..... | 64 | grammes. |
| Têtes de pavots.............. | n° 12. | |
| Amidon en poudre.......... | 2 | kilog. |
| Elixir de Thielmann......... | 64 | grammes. |
| Liniment pour frictions...... | 250 | id. |

Le médecin aura sur lui et saura, selon son habitude, improviser les autres remèdes. Pour mon compte, mon bagage n'est pas lourd : un lancettier garni, un flacon d'opium, un d'élixir, un d'essence de Menthe, afin d'être toujours prêt aux évènements les plus pressés.

Les prescriptions indiquées plus haut ne suffisent pas toujours pour arrrêter la cholérine, ce qui arrive plus souvent qu'on ne l'a dit ; dans cet état, le moindre surcroît de fatigue, la moindre perturbation morale, la moindre surcharge d'estomac, le moindre excès de boisson ou d'aliment, ainsi qu'un changement de temps, peuvent devenir la cause de l'explosion des accidents cholériques les plus graves et les plus soudains ; ou si une personne se trouve prise plus ou moins subitement de frissons, d'étourdissements, de vomissements, de crampes, etc., loin de tout secours de médecins, ce qu'il y a de mieux à faire jusqu'à ce qu'il puisse venir rendre les soins qui deviennent alors indispensables, c'est de transporter le malade dans un appartement vaste, bien aéré, dont la température doit être tenue, autant que possible, entre 12 et 16 degrés R.; de le mettre, sans perdre un moment, dans un lit bien sec, bien chaud, sans rideaux. Si plusieurs malades étaient pris en même temps, il serait bon de les isoler, pour cette raison que les facultés intellectuelles étant intègres, il faut bien leur épargner les scènes déchirantes qui peuvent avoir lieu près d'eux. Si le sujet se plaint de froid et de frissons dans le dos, dans les membres, il est utile de lui tenir la poitrine et le ventre bien couverts, avec des gilets de flanelle, qui ne se dérangent pas comme les couvertures, et qui ne livrent pas passage à l'air; à défaut de flanelle on pourra le faire entièrement déshabiller, et on l'enveloppera entre des couvertures de grosse laine, sèche et chaude ; ce moyen très énergique n'empêche en rien l'emploi simultané des autres remèdes, tels que frictions, sinapismes, etc, L'irritation que produit la laine sur la peau, favorise le développement d'une bonne transpiration ; outre ces pièces de laine, on surchargera le malade de couvertures pour maintenir et étouffer, pour ainsi dire, le peu de chaleur qui lui reste ; il est donc très important que le malade se tienne constamment couvert, et qu'il n'éprouve aucun refroidissement. Près de chaque lit, on doit faire rester un garde-malade, qui recouvre sans cesse les extrémités supérieures et inférieures que le patient, au milieu de l'agitation qui le tourmente, continue toujours à vouloir découvrir. Les mains présentent-elles un abaissement prononcé dans leur température, on les enveloppe pareillement, comme les membres inférieurs, de larges morceaux de laine chaude.

Une double indication domine dans cette période : c'est, d'une part de faire cesser les évacuations ; l'autre, de ranimer la chaleur et avec elle l'activité de la circulation des forces respiratoires et du système nerveux. La méthode qui semble prévaloir est celle qui combine l'emploi des excitants diffusibles, avec l'usage de toutes les pratiques ayant pour but de réchauffer les malades et d'exciter une transpiration abondante.

Pour aider aux bienfaits du lit, on fera boire tous les quarts d'heure ou demi-heures une petite tasse d'une des infusions chaudes, légèrement toniques et aromatiques, telles que celles de thé, de café, de camomille, de feuilles de menthe, de mélisse, de sauge, de cassis, d'oranger, etc., que l'on édulcore agréablement avec le sirop de gomme, ou de guimauve, ou du sucre ; et si ces boissons chaudes étaient vomies et que le malade se plaignît d'une soif impérieuse, d'une chaleur brûlante à la gorge, à l'estomac, pour prévenir autant que possible, les chances de vomissements provenant de la plénitude de l'estomac, on se contenterait de donner de petits morceaux de glace, ou mieux de la glace pilée en neige. Or, on sait quelle soif inextinguible tourmente les cholériques, et avec quelle ardeur ils sollicitent presque tous des breuvages frais et désaltérants; aussi les stimulants alcooliques ne sont pas convenables lorsque, en même temps qu'ils ont un froid extérieur intense, les malades éprouvent un vif sentiment de chaleur à l'intérieur; dans ce cas, il faut associer la glace à quelques substances excitantes; et si la glace manque, on accordera quelques gorgées successives d'eau pure très froide, ne serait-ce que pour procurer un sentiment de bien-être en trompant ce besoin; car il faut éviter surtout de se butter contre une disposition organique, ou l'instinct du patient. Mais jamais on ne lui laissera avaler une verrée d'un seul trait, afin de ne pas surprendre l'estomac par l'impression d'un froid considérable, qui pourrait contrarier la moiteur et la sueur, au grand désavantage du malade.

On placera autour du corps des briques, des tuilles, des carreaux fortement chauffés et enveloppés de serviettes, ou entre les couvertures, pour ne pas occasionner de brûlures; des sachets convenablement chauds, remplis de son, de sable fin; des bouteilles, des cruchons de grés pleins d'eau chaude, ( 8 ou 10, ) que l'on remplace par d'autres, à mesure qu'ils se réfroidissent. Ce moyen qu'on peut improviser facilement et partout, est un des meilleurs.

On se gardera bien, néanmoins, de réchauffer trop vite le malade ; le cholérique est dans une position analogue à un individu congelé ou saisi par le froid ; si on cherche à le réchauffer trop vite, on amène la mort.

Ces excitants externes seront placés à la face interne et externe des cuisses, aux mollets, à la plante des pieds, aux bras, sous les aiselles. On appliquera des serviettes chaudes sur le ventre et sur l'estomac; ce moyen d'une exécution facile équivaut et est même préférable dans la pratique civile, surtout dans un village, aux bains de vapeur sèche ou humide, aux fomentations chaudes, à la laine trempée dans l'eau bouillante et surtout au bain chaud, attendu qu'on peut le prolonger autant qu'il est nécessaire, et qu'il n'entraîne aucun déplacement; d'ailleurs, on sait que les cholériques sont en général disposés, surtout dans cette forme de la maladie, à une sueur froide, visqueuse, plus ou moins abondante, qui concourt avec les vomissements et les selles à produire une véritable colliquation. Or, le dégagement des vapeurs humides autour des malades ne fait qu'ajouter encore à cette disposition. Il vaut donc mieux recourir aux moyens de calorification secs.

On fera faire des frictions, souvent répétées, sur les membres et sans découvrir le malade, pendant une demi-heure chaque fois, avec de la flanelle sèche ou une brosse de laine imprégnée de quelques matières excitantes, telles que l'alcool ou l'eau-de-vie camphrée pure ou mélangée avec parties égales d'essence de thérébentine, l'eau vulnéraire spiritueuse, le baume de fioraventi, le liniment volatil camphré et même thérébentiné; les fumées de Benjoin, d'encens, de baies de genièvre ou avec un des liniments suivants :

Pr. Baume opodeldoch........ 200 grammes.
Eau de Cologne............ 50 id.
Laudanum................. 6 id.

M.

Autre.

| Pr. Baume de fioraventi...... | 64 grammes. |
| --- | --- |
| Eau de mélisse........... | |
| Alcool camphré............ | |
| Huile d'amandes douces...... | 96 id. |
| Ammoniaque liquide........ | 12 id. |

Les frictions n'ont pas seulement pour but de rappeler à la peau la chaleur qui l'a abandonnée; elles ont pour effet aussi d'activer la circulation; mais elles ne sont efficaces qu'autant qu'elles sont faites avec une grande énergie et avec une activité soutenue pendant plusieurs heures; ce qu'on ne peut obtenir que du dévouement des parents; elles ont d'ailleurs l'inconvénient d'exposer à l'air et au refroidissement la partie que l'on frictionne; une autre considération, c'est que le premier besoin d'un malade épuisé par des déjections excessives, est le repos absolu, et qu'il peut sembler cruel de le troubler pour satisfaire à des vues dont la justesse n'est pas bien démontrée.

Pour rappeler la chaleur aux extrémités on emploiera des cataplasmes de farine de graines de lin, soupoudrés, plus ou moins, de farine de moutarde, ordinairement dans ces proportions.

Pr. Farine de lin 1 partie, de moutarde 2 parties.

Il sera quelquefois utile, si le froid est intense, de promener des sinapismes (moutarde pure en poudre), sur le corps, aux bras, à la face interne des cuisses, aux mollets, à la plante des pieds, entre les épaules, sur le ventre, sur la région de l'estomac, en observant de ne pas les laisser plus de 20 à 30 minutes en place, pour éviter les escarres, ainsi on les changera de place et on les proportionnera à la susceptibilité du malade, mais on en prolongera l'application jusqu'à ce que la caléfaction se prononce franchement. Les sinapismes ont pour but de déterminer un mouvement périphérique, et de substituer une irritation soudaine, multiple et éparpillée à l'irritation qui semble se concentrer vers les organes internes. Enfin on emploiera tout ce qui peut exciter la transpiration; car, dès qu'elle est franchement rétablie le malade est quasi sauvé.

L'action de cette médication externe a presque toujours été combinée, pour relever les forces, avec celle des stimulants diffusibles, des anti-spasmodiques, tels que, l'infusion de thé, de menthe poivrée, mélisse, café, cassis, l'éther, le vin, l'eau-de-vie, le punch, etc., seuls ou associés de diverses manières, car sans l'aide des moyens internes, les moyens externes ne servent qu'à réchauffer et à cautériser un cadavre.

On a compris que les opiacés, doivent être rejetés dans le traitement du choléra. Produire le narcotisme est certainement peu rationnel, là où il est urgent de déterminer une forte stimulation intérieure. Dans la cholérine seule, ces agents thérapeutiques peuvent être administrés.

Un des médicaments le plus simple et le plus usité, qui a acquis sa réputation dans l'Inde, pour ressusciter l'organisme et le forcer à réagir contre la cause toxique, c'est l'essence de menthe. On fait tomber sur un morceau de sucre 1, 2, 3 ou 4 gouttes d'essence et même davantage s'il le faut. On fait fondre ce sucre dans une tasse d'infusion de feuilles de menthe ou de camomille, et on fait boire ce mélange de cinq en cinq minutes, qu'on est parfois obligé de recommencer à diverses reprises, si l'organisme ne répond pas plus ou moins immédiatement à son ingestion par une réaction convenable.

Si l'essence de menthe à cette dose échoue, le docteur *Block*, professeur à l'université de Gand, préconise comme un spécifique contre la cyanose et les plus redoutables symptômes du choléra, le mode d'administration suivant :

Pr. Essence de menthe 4 grammes.

On verse 5 à 10 gouttes de ce remède dans une cuillerée ordinaire d'eau-de-vie ou de genièvre, et on fait prendre une dose pareille, à une demi-heure d'intervalle, jusqu'à ce que la réaction se déclare. Dans la généralité des cas, 60 gouttes suffisent pour assurer la guérison : sinon, on continue jusqu'à ce que les phénomènes favorables se soient franchement déclarés.

Dans le cas de réfrigération et d'extinction du pouls on fait encore usage d'une des potions suivantes :

Prenez : Eau de Menthe ou de mélisse. 60 grammes.
Acétate d'ammoniaque...... 4 à 15 gr.
Ether sulfurique............ 4 à 6 gr.
Laudanum liq. syd :......... 10 gouttes à 1 gram.
Sirop simple. Q. S.

On emploie aussi la mixture anti-cholérique de *Strogonof;* elle est recommandée dans ces cas extrêmes par M. Récamier. M. Moissenet en fait usage à l'hôpital Saint Louis, et s'en trouve bien ; en voici la composition :

Pr. Teinture éthérée de Valériane. 4 grammes.
De noix vomique............. 2 id.
Liqueur d'Hoffmann........... 4 id.
Teinture d'arnica............ 2 id.
Essence de menthe........... 1 id.
Teinture d'opium............. 3 id.
M. Selon l'art.

La dose est de 15 à 20 ou 25 gouttes, et même quelquefois de 30 à 40 gouttes dans un petit verre de vin généreux ; on réitère cette dose deux ou trois fois, de demi-heure en demi-heure, jusqu'à ce que la réaction commence.

Quelle grande différence y a-t-il dans la composition de ce médicament et l'élixir de Thielmann? Si on manquait de l'un ne pourrait-on pas se servir de l'autre?

Quand la maladie est si rebelle, on doit remplacer toutes les autres boissons par une forte infusion bien chaude de feuilles de menthe poivrée, mêlée avec de l'eau-de-vie ou du rhum : une cuillerée de quinze en quinze minutes, continuée avec l'essence de menthe jusqu'à ce que le pouls se fasse sentir et qu'une transpiration abondante se déclare. On cesse alors cette médication, parce que la réaction pourrait devenir trop violente et attaquer des organes essentiels; on peut surtout insister sur ces moyens énergiques chez les personnes d'un âge avancé, que la misère ou le défaut d'alimentation ont épuisées. Comme, à cet âge, on est, en général, habitué aux liqueurs alcooliques et au vin, on doit insister davantage sur ce dernier, et donner tous les quarts d'heure une cuillerée de vin chaud avec de la canelle.

Pour les enfants on prescrira :

*Potion de Trousseau.*

| | | |
|---|---|---|
| Eau distillée de menthe...... | 30 | grammes. |
| Sirop d'éther............... | 10 | id. |
| Sirop d'écorce d'oranges...... | 10 | id. |

*Autre de Bousseau de l'hôpital des enfants.*

Il administre à ses petits cholériques.

| | | |
|---|---|---|
| Eau de menthe............. | 60 | grammes. |
| Sirop d'éther............... | 30 | id. |
| Acétate d'ammoniaque....... | 2 | id. |

Par cuillerée toutes les deux heures. En outre, il fait faire des frictions sur la colonne vertébrale avec une pommade ammoniacale opiacée et il fait prendre un bain chaud.

Ces premiers soins seront continués avec d'autant plus d'énergie et de persévérance que la maladie devient plus intense, et en attendant l'arrivée du médecin, à qui seul il appartiendra de décider, s'il y a lieu, d'employer des moyens plus actifs. On ne devra pas se décourager, lors même qu'ils paraîtraient ne pas amener une grande amélioration dans la position du malade. Ici, plus qu'ailleurs, ce n'est qu'au moment, où le malade rend le dernier soupir, que tout espoir s'éteint. L'expérience a démontré que la persévérance dans la continuation des remèdes, a fini par triompher maintes fois de l'opiniâtreté de l'affection.

Il y a pourtant un écueil à éviter dans l'emploi des stimulants, tant à l'extérieur qu'à l'intérieur ; en insistant sur ces moyens, on peut, il est vrai, rétablir la chaleur et relever le pouls ; mais est-on sûr d'en borner l'action, pour ne pas étourdir la vie ? On remarque dans l'épidémie actuelle que les malades périssent fort souvent dans la période de réaction.

Quand l'état algide a cessé, voici ce qui se passe : dans la majorité des cas, la réaction se montre et se soutient modérée ; elle fait bientôt place à la convalescence. Quelquefois, elle reste incomplète ; la peau ne reprend qu'une chaleur très faible ; le pouls reste misérable, la face est d'une pâleur livide, et une espèce d'impuissance nerveuse annonce la mort prochaine.

Dans certains cas qui, malheureusement ne sont pas rares, la réaction se fait brusquement ; pendant un ou deux jours, elle ne laisse rien à désirer ; mais on voit peu à peu des ramifications veineuses se dessiner sur la conjonctive, la moitié inférieure de cette membrane s'injecte ; la peau fraîchit, le pouls se ralentit, le malade est habituellement couché sur le dos, il dort beaucoup, d'abord les yeux bien fermés ; le lendemain, on le trouve les paupières entr'ouvertes pendant le sommeil, mais on ne peut voir la pupille qui est portée en haut et cachée par la paupière supérieure ; l'apathie augmente ; la langue est alourdie comme dans l'ivresse etc. : cette invasion lente de la somnolence, est ce que l'on a improprement appelée état thyphoïde. Cet état comateux est des plus désespérant pour le médecin ; car aucun révulsif ne peut en entraver la marche fatale.

Il faudra donc n'employer qu'avec une grande circonspection la chaleur factice, qui se borne assez souvent à produire autour du malade une atmosphère dont la température est portée artificiellement à un degré de chaleur plus ou moins élevé ; et parce que le corps ne peut s'échauffer uniquement qu'à la façon d'un corps inerte ; ce qui n'est pas toujours sans danger, comme l'ont remarqué les docteurs *Trousseau* et *Pigeaux*. Pour que ces moyens de calorification réussissent, il est important que le froid cholérique ne soit pas porté trop loin, en effet, comment avoir l'espoir de ramener du dehors au dedans une chaleur éteinte à l'intérieur par le fait de l'interruption des fonctions respiratoires et circulatoires.

C'est par l'intérieur qu'il faut réchauffer les malades ; mais il ne convient pas non plus de chercher à provoquer une réaction trop prompte par des excitants internes trop persistants, tels que le punch, le vin de malaga etc., si ces boissons ne sont pas gardées, elles manquent leur but ; et si elles le sont, elles réagissent sur les organes les plus importants, pour produire différentes phlegmasies secondaires et plus souvent la stupeur nerveuse dont nous avons parlé plus haut ; aussi remarque-t-on que la terminaison est d'autant plus favorable que les signes de réaction surviennent plus lentement. Une stimulation modérée, dit encore Trousseau, amène des réactions modérées elles-mêmes, mais suffisantes, et exemptes en général de cet état qu'on appelle typhoïde, qui emporte tant de malades.

Que faut-il faire dans un cas aussi extrême? Il faut s'arrêter dans l'usage des toniques alcooliques, et passer aux toniques analeptiques. Aussitôt que le froid extérieur se dissipe et que le pouls reparaît, il faut abandonner les potions stimulantes en y substituant des diaphorétiques doux, tels que le carbonate d'ammoniaque (4 grammes pour 120 de véhicule) etc. Il faut essayer les effets du bouillon de bœuf froid, pendant le jour seulement, d'abord en commençant, par cuillerées à café, puis par cuillerées à soupe, et si par son usage le malade se ravive, si la langue s'humecte, si le pouls évanoui redevient sensible, il faut continuer et ne désespérer de rien. Cette recommandation du bouillon de bœuf froid, que nous devons à l'honorable *Récamier*, aura d'autant plus d'importance, si on réfléchit que c'est la partie de la société qui souffre le plus des privations et des qualités peu nutritives de son alimentation, qui est la plus maltraitée par la maladie actuelle.

L'état comateux, dont le docteur Worms essaie de nous donner l'explication, vraie ou fausse, résulterait de ce que, par suite du retour subit de la circulation, la carotide envoie avec abondance du sang artériel au cerveau, pendant que le système veineux est encore gorgé et distendu en outre par la sérosité, qui reparaît plus abondamment, lors de la cessation de la cyanose; une partie de cette sérosité s'épanche entre les circonvolutions cérébrales, la masse du cerveau et la boite osseuse, et que la présence de ce liquide empêche tout à la fois le retour d'une circulation normale dans l'organe encéphalique, et l'action vivifiante du centre cérébral sur le reste de l'organisme.

Pour combattre ce *coma*, il propose pour activer la résorption lymphatique et faire disparaître ce liquide; de faire raser la tête, de tremper une flanelle dans la solution suivante, et de l'appliquer chaude, sur cette partie; il dit avoir à s'en louer beaucoup. Une seule fois je l'ai employée; c'est mon plus beau cas de guérison, de toute l'épidémie.

Prenez : Alcool camphré...... 150 grammes.
Ammoniaque liquide. 20 à 25 grammes
Infusion d'arnica..... 100 grammes.
dans lesquelles on fera dissoudre :
Chlorhydrate d'ammoniaque. 45 grammes.

Pendant ce temps, si la stupeur est sans fièvre, avec un pouls faible sans fréquence, sans délire somnolent, il faut instiller des boissons fortifiantes, de l'eau vineuse légère, si elle plaît et si l'on n'a pas trop abusé des alcooliques, et surtout des cuillerées à café, puis la soupe de bouillon de bœuf froid.

Si la stupeur est accompagnée de rougeur du visage, d'un pouls plus ou moins développé quoique sans ou avec fréquence, alors on a à examiner l'indication de la saignée. Si elle n'a pas été faite; ainsi que des applications réfrigérantes sur la tête : par exemple, de la glace ou de l'eau froide, contenue dans une vessie.

*Prédominances de quelques symptômes et indications qui en résultent.*

Si la *diarrhée* domine : voir ce qui a été dit au sujet de la cholérine.

Si c'est le *vomissement* qui tourmente le plus les malades, surtout les individus adonnés à l'ivrognerie ; il faut, comme la diarrhée, le calmer sur le champ, parce qu'à chaque jet les forces vitales s'évanouissent au plus haut degré. Ce qui convient le mieux, c'est la glace en petits fragments, ou mieux pilée en neige, qui est avalée immédiatement dans l'état où on l'administre, tandis que la glace en petits morceaux, gardée dans la bouche s'y fond et l'eau est déjà chaude quand elle arrive dans l'estomac. En donnant toutes les cinq minutes environ une cuillerée de cette glace pilée, on arrête d'une manière presque constante les vomissements ; à défaut de glace, l'eau froide est parfois le meilleur anti-vomitif. Quelquefois l'organe de la digestion est tellement irritable, qu'il rejette tout médicament ; alors on peut employer la limonade gazeuse, la potion anti-émétique de *Rivière*, ou bien la potion suivante :

Pr. Eau de menthe poivrée........... 192 grammes.
sous-carbonate de potasse.
Suc de citron sat : .....à...à...... 4 id.
Sirop de menthe.................. 64 id.

De Block.

S'ils ont lieu à la suite de frayeur ou tristesse subitement développée, on aura recours aux potions anti-spasmodiques n° 1 ou 2.

On prescrit souvent encore avec avantage, l'eau de Seltz frappée ou non de glace ; mais comme à la campagne, on ne peut pas toujours s'en procurer ou qu'après les premiers verres le gaz acide carbonique s'échappe, je la remplace par une poudre effervescente, qui me procure instantanément une eau gazeuse quoique moins parfaite.

Prenez : Acide tartrique ........... 12 grammes.
Bicarbonate de soude....... 15 id.

Divisez chacune des substances en 20 paquets de couleurs différentes ; faites dissoudre séparément chaque paquet dans un quart de verre d'eau sucrée ou aromatisée avec de l'eau de fleurs d'oranger ; réunissez dans un troisième verre les deux substances dissoutes et faites avaler au moment de l'effervescence. Ce qui revient au même et qu'on prend de la même manière.

Pr. Sucre en poudre, aromatisé... 64 grammes.
Acide tartrique concassé...... 32 id.
Bicarbonate de soude pulvérisé 48 id

mêlez et conservez dans un flacon bien bouché : une cuillerée à bouche dissoute dans un demi-verre d'eau ; on emploie aussi le magister de Bismuth, de 50 centigrammes à un gramme. Enfin dans les cas où ils résistent avec opiniâtreté à ces divers moyens, il est rare qu'on ne les arrête par l'application sur la région épigastrique, d'un emplâtre de moutarde, d'un vésicatoire ou par la cautérisation avec l'eau bouillante ou le marteau de *Mayor ;* on peut ensuite saupoudrer la plaie avec 15 centigrammes d'acétate de morphine ; par des ventouses scarifiées ou des sangsues sur cette région, 15 à 20 chez l'adulte et 4 à 10 chez l'enfant, si le patient est d'une forte constitution.

Dans la prédominance des *crampes*, on a recours aux frictions sur les mollets, etc., soit avec la flanelle sèche, soit imbibée avec l'huile camphrée et laudanisée, ou d'autres liniments ; aux cataplasmes émollients sur lesquels on a placé 4 à 8 grammes de laudanum liq :, ils sont toujours appliqués avec avantage, lorsque les membres seuls sont atteints ; aux ligatures momentanées des membres, et ce qui vaut mieux avec des mouchoirs ployés en cravate. Au massage par pression, de manière à ramener le sang des extrémités dans les gros vaisseaux, puis frictions légères en sens contraire (de haut en bas) sur les membres avec une peau de chat, etc.

### 4e PÉRIODE.

*Réaction.* L'homicide choléra qui, en quelques heures, efface du nombre des vivants, l'homme le plus robuste, est vaincu ; l'art, secondé par la nature, a triomphé des grands désordres ; les forces vitales se raniment insensiblement.

Au sortir de l'anéantissement dans lequel était tombé le cholérique, le malade entre dans la période dite de réaction : c'est la 3e, 4e, 5e, ou 6e phase de la maladie, selon les divisions scolastiques, divisions qui sont logiques; puisqu'elles peignent la marche que suit le choléra dans le plus grand nombre de cas, et qu'elles indiquent le temps où l'on doit changer les moyens thérapeutiques.

L'espace de temps qui sépare encore le moribond de la convalescence est parfois aussi semé d'écueils : l'ennemi est là, prêt à reprendre l'offensif, si le malade indocile veut secouer trop vite le joug de son libérateur, ou si le médecin s'abandonne trop tôt aux joies de la victoire, en cessant les remèdes, avant que l'état du pouls en autorise la diminution ou la cessation; car malgré l'amélioration observée dans les autres symptômes, le pronostic n'est favorable qu'autant que le pouls se fait sentir de nouveau, avec une force proportionnée aux pertes et aux souffrances du malade.

Cette période réclame donc les soins les plus actifs du médecin ; si, pendant l'état algide et cyanique, il a dû rester spectateur presque inactif de la lutte entre la vie et la mort, ici, la puissance de la médecine brille de tout son éclat, soit pour aider la nature, quand elle est trop faible, soit pour prévenir ou combattre les congestions qui peuvent se déclarer à la tête, au thorax, ou bien à l'abdomen, et empêcher que l'afflux du sang vers quelque organe essentiel n'en détruise la vitalité, et n'entraîne la mort, quand la réaction a été trop impétueuse. L'indication de la saignée, ici, est positive; on y insistera dans les bornes prescrites par une sage expérience.

Voici les signes qui annoncent cet amendement heureux et plein d'espoir quand la réaction reste dans la mesure désirée, quand elle est *franche*.

Le froid de la peau est remplacé par une naissante chaleur qui se développe par degrés; la lividité s'atténue; la circulation renaît insensiblement, le pouls est d'abord petit et lent, puis plus accéléré, plus fort, plus développé; une douce moiteur prend la place de la sueur froide et visqueuse; la langue devient plus chaude; le timbre de la voix change et redevient naturel; la respiration est moins embarrassée; la face et l'œil reprennent leur expression, le visage est moins affaissé, moins anxieux; les vomissements sont de moins en moins fréquents, de plus en plus colorés, verdâtres et amers; les selles sont moins abondantes, plus rares, plus consistantes, plus foncées, elles reprennent leur couleur jaunâtre ou brune; enfin on y retrouve de la bile; toutes les sécrétions s'effectuent, les urines commencent à couler de nouveau, les larmes mouillent la cornée, la soif est moins ardente; un sommeil réparateur rafraîchit le malade qui rentre dans la vie et se rétablit plus ou moins promptement.

C'est le temps d'être sobre des excitants internes et externes, sans en cesser tout à coup l'emploi, mais il faut en saisir la mesure proportionnée aux besoins. On débarrassera également le malade, petit à petit, des couvertures dont on l'avait surchargé; on ne laissera des cruchons, bouteilles ou sachets de sable dont on l'avait entouré, que ceux qui sont auprès des mollets et à la plante des pieds.

Néanmoins, il est quelquefois nécessaire de donner au malade, échappé aux étreintes de la cyanose, quand la réaction paraît languissante, des doses de sulfate de quinine, qui brisent dans le système nerveux, les derniers efforts de la maladie; surtout quand le choléra sévit, pendant l'époque des fièvres intermittentes, qu'il faut se hâter de rompre, pour éviter la funeste complication du choléra, dont les causes paraissent agir sur les mêmes organes.

Pour ce qui regarde tant d'autres phénomènes morbides, nés de la réaction, il est impossible de donner des règles de conduite spéciale ; car celle-ci dépend beaucoup plus de la constitution du malade que de la nature de la maladie. On ne peut donc qu'en appeler aux règles générales de la thérapeutique.

CONVALESCENCE.

Le malade vient de franchir l'épouvantable abyme au bord duquel il se trouvait, pour entrer en convalescence ; le médecin n'a pas encore tout fait quand il a arraché la victime à la tombe ; à lui appartient encore d'empêcher les rechutes fréquentes qui sont bien plus terribles, et laissent moins de ressources que la première atteinte ; et, nous le répétons, les cholériques y sont fort disposés. L'oubli des lois de l'hygiène, la faim surtout, qui est quelquefois insupportable, que la volonté ne peut pas toujours maîtriser et qu'on satisfait à quelque prix que ce soit, est cause, pour une grande part, du passage de la cholérine, trop vîte négligée, au choléra et de la mort de beaucoup de cholériques. Pour mon compte, je puis dire que plus des trois quarts des individus, autres que ceux pour lesquels je n'ai été appelé que pour les voir mourir, c'est-à-dire que le plus grand nombre des *cholérinés,* ne sont passés à l'état de choléra que par suite d'infraction au régime ; comme les cholériques, en apparence d'emblée, ne sont entrés en choléra que par la négligence de se faire administrer les premiers secours ; et le plus important des moyens curatifs, c'est la *diète*, aidée des précautions incessantes que nous avons recommandées à la prophylaxie.

Il faut donc éviter de replacer trop vîte le convalescent sous l'influence de ses habitudes sociales. Bien que la diète ne doive être ni trop absolue, ni trop prolongée, la faim doit être combattue modérément, peu à peu, par des repas peu copieux, de facile digestion et souvent répétés, en tenant compte des désirs du malade.

Mais peut-on, comme je l'ai vu, soumettre l'alimentation des convalescents à une règle invariable? Après un temps donné est-il permis d'accorder à tous la même quantité ou la même qualité d'aliments ? Personne ne met en doute que la cholérine et le choléra peuvent s'enter sur une gastrite ou une entérite; quand l'affection spéciale, (*fluxion, irritation* ou *inflammation*,) sera dissipée, aura-t-elle modifié la maladie préexistante? L'état de la langue, observé chez divers cholériques démontre le contraire; tantôt elle est rouge, pointue, sèche, et réflète l'état d'irritation de la muqueuse intestinale; tantôt elle est blanche, large, pâteuse; c'est bien là deux états qui demandent à être dirigés d'une manière différente : à celui-ci il faudra du vin et du bouillon ; ces agents donnés trop tôt chez l'autre, provoqueraient une rechute. C'est au médecin à apprécier.

Quand le dévoiement sera suspendu depuis quelque temps (de 12 à 24 heures,) le médecin examinera l'indication de l'alimentation, proportionnée au sentiment du besoin, à la faiblesse et à l'état antérieur des organes digestifs ; il se conduira avec toute la prudence que requiert une constitution profondément altérée.

Les crêmes de riz légères ou les semoules, ou les crêmes de salep, en petite quantité, dit le célèbre *Récamier*, s'offrent d'abord à la pensée, comme les panades légères et les œufs frais; mais il ne faut pas perdre de vue que le bouillon de bœuf froid, donné d'abord par cuillerées et augmenté en raison des bons effets, d'heure en heure, puis à mesure que l'on augmente de quantité, de deux en deux ou de trois en trois heures, et finalement de quatre en quatre heures, lorsque le bouillon deviendra un potage modéré. Il ne faut pas perdre de vue, dis-je, que rien ne peut remplacer avec avantage le bouillon de bœuf froid pour un grand nombre de cholériques, car on a vu des malades retomber pour avoir pris le bouillon chaud, et le prendre ensuite froid avec succès.

Soit que l'on adopte le bouillon de poule, de veau, de mouton ou de bœuf, froid ou chaud, d'abord à la dose de quelques cuillerées, ensuite par tasses, dès qu'il passera bien, on y ajoutera de petites quantités de vermicelle, de pain modérément grillé, de riz, de tapioka, etc., plus tard, on passera avec modération à l'usage des œufs, du poisson léger, des légumes bien cuits, et l'on arrivera aux viandes blanches, comme le poulet, le veau, etc., ensuite à la viande rotie, machée d'abord et suçée, puis avalée. L'on fera boire, aux repas, de la bonne eau fraîche ou de l'eau de Seltz rougie d'un peu de vin vieux de Bordeaux bien dépouillé, puis d'un peu de ce même vin pur, et même si c'est le goût du malade d'un peu de bière légère. Mais si la diarrhée voulait reparaître de nouveau, il faudrait suspendre tous les aliments et en revenir à quelques lavements. Au contraire, si après d'abondantes déjections, le malade se trouvait constipé, il serait bon, après quelques jours de cet état, de faire administrer un grand lavement émollient, pour évacuer les matières fécales qui s'accumulent, ou qui ont pu rester dans l'intestin, malgré les évacuations cholériques, et dont la rétention prolongée peut causer des coliques.

Si un état saburral des premières voies, avec amertume de la bouche, surcharge de la langue qui est sale, large, et qu'on manque d'appétit; si le travail de la digestion est lent et paresseux, et qu'il n'y ait point de soif, on ordonnera quelques amers, tels que les fleurs de camomille romaine nº 25, qu'on fait macérer dans un demi-litre d'eau froide pour boire aux repas. On pourrait aussi recourir à la décoction de la racine de *gentiane*, 4 à 8 grammes pour 500 d'eau, ou au sirop de cette racine, 32 à 64 grammes par jour, ou encore à l'infusion de 2 à 4 grammes pour 500 d'eau, à prendre deux ou trois fois par jour; à l'une ou à l'autre de ces substances on peut ajouter pareille quantité d'écorces d'orange sèches.

C'en est assez, je crois, le désir de jeter le plus de lumières possibles parmi mes concitoyens pour les sauvegarder ou atténuer la férocité de ce redoutable fléau de Dieu, m'a déjà entraîné bien au-delà du but que je m'étais proposé. Peut-être aussi me reprochera-t-on de vous avoir introduit dans le domaine du médecin, mon excuse est d'avoir voulu être utile.

Puissent, ceux que j'aurai pu préserver, me conserver un souvenir, et quand Dieu m'aura appelé à lui, répéter quelquefois : *Transiit benefaciendo.*

## COMPTE MORAL DE L'ÉPIDÉMIE D'ÉTÉ.

La position où le choléra m'a surpris, pour me livrer une seconde fois la bataille, *aux clouteries* de Vicoïgne, m'était bien plus désavantageuse encore qu'au *Prussien* (en février); là, je n'avais à lutter que contre les influences délétères d'un terrain marécageux, comme cause prédisposante ou efficiente de l'indomptable fléau ; ici, tout concourait à la fois à lui fournir une ample pâture : habitations, hommes, choses.

Il n'y a que ceux qui ont eu le courage de visiter, pendant l'épidémie, ce quartier, refuge de tout ce qu'il y avait, pour la plupart, de pauvres, de malheureux, d'infirmes dans la commune, qui puissent se faire une idée de ce triste tableau des misères humaines.

Sur l'emplacement même où les moines allaient promener leur indolence, et avec les débris de la célèbre et riche abbaye de Vicoigne que 93 a sapée comme tant d'autres, on avait construit des abris pour loger un nombre considérable de *cloutiers* belges, qui, en 1815, après la réorganisation du royaume hollando-belge, sont venus, sous la conduite d'un maître, apporter cette industrie sur l'ancienne frontière de France.

Quelques mètres carrés de terrain entourés de quatre murailles et couverts en chaume, voilà l'espace de l'habitation ; au milieu était établie une forge où 4, 5, 6 personnes frappaient le fer à coups redoublés depuis 3 à 4 heures du matin jusqu'à minuit ; place dans un coin pour le foyer ; pour ameublement une table, un coffre et un lit où s'entassaient pêle-mêle, père, mère et souvent les enfants; ou bien le reste de la famille se couchait dans une espèce de hamac sous le toit, et où je m'étonne qu'on n'en ait pas trouvé souvent d'asphyxiés, car l'air n'entrait là que par la porte et par une étroite fenêtre ; et encore la moitié de l'année l'une et l'autre étaient closes ; l'aire en terre pour plancher, beaucoup plus bas que le sol, n'a connu d'eau que celles des savonnages et de ménage qui s'y est infiltrée depuis 34 ans.

Des hommes hâves, étiolés, qui, travaillant à la lueur de leur *vergillon* rougi, ou à la clarté du feu de la forge ne voyaient qu'à de courts moments le soleil. L'enfant comme l'adulte était condamné à ce dur métier, pour y gagner un minime salaire à peine suffisant pour se fournir le pain et quelques pommes de terre, nourriture habituelle des hôtes.

Pour couche, après d'aussi pénibles travaux, de la paille hâchée par l'usage ; pour fourniture du lit, des haillons infectes ; il n'y avait que des millers de puces pour les stimuler ; encore y étaient-ils insensibles !

Nous devons des grâces à la philantropie de M. *Piérard*, acquéreur de ces cabanes : il a vu la maladie frapper tant de fois près de sa porte, que dans la crainte qu'elle n'y vienne reprendre son domicile, il vient d'en faire le sacrifice; il les a toutes fait raser, à la grande satisfaction du reste des habitants, et surtout des pauvres de l'endroit, qui espèrent voir s'éloigner cette nuée de mendiants étrangers qui pullulent dans la commune, sûrs de trouver là un asyle, et de partager avec eux les dons de la charité publique.

Voilà le lieu où le choléra est venu s'abattre d'abord (juin), par une chaleur caniculaire, pour de là, quand il a été rassasié, porter ses fureurs sur divers points de la commune et s'attacher à tous individus à peu près de la même condition d'aisance. Aussi la bataille a-t-elle était chaude; il y a eu beaucoup de blessés; je ne les ai point comptés, ils sont aujourd'hui tous éparpillés; j'étais plus occupé des devoirs de mon ministère, que de noter ceux que le choléra frappait; aussi le rapport officiel n'est-il pas réellement exact, quant au nombre de malades; cependant, j'en rends grâce à Dieu, il y a eu peu de morts proportionnellement. J'ai la certitude, d'accord avec ceux qui, par la nature de leurs fonctions, distribuaient les secours, qui n'ont point manqué aux convalescents, grâces aux sacrifices que s'est imposés la commune, et aux libéralités de beaucoup d'habitants, que plus de la moitié, les deux tiers environ de ceux qui ont été véritablement attaqués du choléra asiatique, pourraient venir, sinon, signer, au moins faire leur croix sur leur certificat de vie.

Si je n'ai point compté tous ceux qui ont été touchés par le fléau, il n'en est pas de même des morts; l'état civil est là : en dire le chiffre (134) c'est la plus triste page de mon livre; ce n'est pourtant que comme celles de beaucoup de comptes rendus, la dernière est souvent la plus noire.

Une remarque qui n'a échappé à personne, c'est qu'il y a

toujours eu recrudescence; que le nombre des cas de choléras a été constamment plus considérable pendant ou après une nuit ou un jour pluvieux que pendant les jours sereins.

Une autre qui aurait frappé tout le monde, si l'attention n'avait pas été absorbée par la crainte de la maladie ; c'est que la plupart de ceux qui ont été *primitivement* attaqués, sont des ouvriers en fer. Les émanations de ce métal seraient-elles pour quelque chose dans les causes insaisissables de cette maladie? Cette prédilection contre ces robustes ouvriers, tiendraient-elle plutôt à la nature de leurs travaux? Obligés de travailler presque nus aux fours à *puddler* et aux laminoirs, ils sont continuellement exposés aux fréquentes variations de température. D'eux la maladie se propageait successivement à une partie de la famille, quelquefois la dévorait entièrement, puis de là s'étendait de proche en proche, de maisons en maisons; s'attaquait particulièrement aux garde-malades, aux amis officieux qui transportaient ailleurs le foyer, où la maladie causait les mêmes ravages, et se comportait encore là de la même manière. (Nous avons eu cinq foyers distincts). Si ce n'est le premier cas qu'on pourrait, faute de renseignements suffisants, considérer comme spontanée, il est bien peu de personnes atteintes qui n'aient soigné, visité, nettoyé les cholériques; aussi s'est-on fait une idée si terrifiante de la contagion, qu'on se détournait d'une maison infectée, et qu'on ne trouvait de secours que dans le dévouement de quelques parents, ou parmi ceux qui y étaient forcés par le besoin.

RAISMES. — POPULATION, 3,618 HABITANTS.

*Nombre des victimes qui ont succombé au choléra, pendant la durée de l'épidémie d'été, commencée le 24 mai jusqu'au 25 août, époque où il ne me reste plus que des convalescents.*

| | | |
|---|---|---|
| Mai | 1 | 134. |
| Juin | 46 | |
| Juillet | 60 | |
| Août | 27 | |

Dont 64 du sexe masculin, et 70 du sexe féminin; 1 sur 27 habitants, ou 3,70 %.

| DATE. | NOMBRE des MORTS. | DATE. | NOMBRE des MORTS. | DATE. | NOMBRE des MORTS. |
|---|---|---|---|---|---|
| 24 mai | 1 | 3 juillet | 1 | 29 juillet | 2 |
| 4 juin | 1 | 4 | 1 | 30 | 3 |
| 5 | 2 | 5 | 6 | 1er août | 2 |
| 7 | 1 | 6 | 1 | 2 | 1 |
| 8 | 6 | 7 | 3 | 4 | 3 |
| 9 | 2 | 8 | 3 | 5 | 1 |
| 10 | 4 | 9 | 1 | 8 | 2 |
| 11 | 1 | 11 | 4 | 9 | 2 |
| 13 | 1 | 13 | 2 | 11 | 3 |
| 15 | 3 | 14 | 2 | 12 | 2 |
| 16 | 1 | 15 | 2 | 13 | 1 |
| 17 | 2 | 16 | 3 | 15 | 1 |
| 19 | 1 | 17 | 4 | 16 | 1 |
| 20 | 3 | 18 | 5 | 17 | 2 |
| 21 | 2 | 19 | 4 | 18 | 1 |
| 22 | 1 | 20 | 1 | 22 | 2 |
| 24 | 3 | 21 | 6 | 23 | 1 |
| 25 | 1 | 22 | 2 | 24 | 1 |
| 28 | 4 | 23 | 1 | | |
| 30 | 7 | 24 | 1 | | |
| | | 25 | 3 | TOTAL | 134 |

## RAPPORT SUR LA MORTALITÉ

### SELON LES AGES ET LES SEXES.

| SEXE MASCULIN. | | SEXE FÉMININ. | TOTAL. |
|---|---|---|---|
| De 1 mois à 5 ans. | 11 | 11 | 22 |
| De 5 ans à 10.... | 2 | 7 | 9 |
| De 10 à 15....... | 1 | 1 | 2 |
| De 15 à 20....... | 2 | 2 | 4 |
| De 20 à 25....... | 6 | » | 6 |
| De 25 à 30....... | 2 | » | 2 |
| De 30 à 35....... | 4 | 7 | 11 |
| De 35 à 40....... | 3 | 3 | 6 |
| De 40 à 45....... | 6 | 7 | 13 |
| De 45 à 50....... | 3 | 1 | 4 |
| De 50 à 55....... | 5 | 4 | 9 |
| De 55 à 60....... | 8 | 7 | 15 |
| De 60 à 65....... | 1 | 4 | 5 |
| De 65 à 70....... | 2 | 5 | 7 |
| De 70 à 75....... | 4 | 7 | 11 |
| De 75 à 80....... | 3 | 2 | 5 |
| De 80 à 85....... | » | 2 | 2 |
| De 85 à 90....... | 1 | » | 1 |
| | 64 | 70 | 134 |



FIN.

www.ingramcontent.com/pod-product-compliance
Lightning Source LLC
Chambersburg PA
CBHW062036200326
41519CB00017B/5051

* 9 7 8 2 0 1 3 0 1 5 0 0 4 *